生姜质量安全分析及限量标准研究

王炳军　李建军　吴　伟　著

黄河水利出版社
·郑州·

图书在版编目(CIP)数据

生姜质量安全分析及限量标准研究/王炳军,李建军,吴伟著.
—郑州:黄河水利出版社,2022.11
ISBN 978-7-5509-3452-8

Ⅰ.①生… Ⅱ.①王… ②李… ③吴… Ⅲ.①姜-农产品-质量管理-安全管理-研究 ②姜-农药允许残留量-标准-研究
Ⅳ.①F326.13 ②S481-65

中国版本图书馆 CIP 数据核字(2022)第234775号

审稿编辑 席红兵 13592608739

责任编辑 景泽龙　　责任校对 杨秀英
封面设计 张心怡　　责任监制 常红昕
出版发行 黄河水利出版社
地址:河南省郑州市顺河路49号　邮政编码:450003
网址:www.yrcp.cop　E-mail:hhslcbs@126.com
发行部电话:0371-66020550
承印单位 河南新华印刷集团有限公司
开　　本 787 mm×1 092 mm 1/16
印　　张 10.75
字　　数 248千字
版次印次 2022年11月第1版　2022年11月第1次印刷

定　　价 58.00元

前 言

生姜作为人们日常生活中不可或缺的调味品之一,广泛种植于热带和亚热带地区,其品种多样,富含营养且具有良好的经济效益。中国是世界上主要的生姜出口国,生姜在我国具有悠久的生产史,并且在我国的国际农产品贸易中占据着不可或缺的地位。目前,国内生姜的质量安全状况虽然总体可控,但是由于生姜的相关标准数量非常少,不能满足常见农药残留及各类污染物的评价,在国际进出口贸易中,由于存在技术短板,影响了生姜在国际市场上的竞争力。因此,生姜质量安全限量标准的研究对生姜贸易有着重要的指导意义。

作为姜的生产和消费大国,我国姜的产量与价格对全球姜市场影响十分明显。通过FAO 网站提供的有关我国向相关贸易国家出口姜的情况进行统计,我国与世界上 100 余个国家和地区进行姜的贸易往来,以此确定了世界范围内我国姜的主要贸易国;进一步分析了贸易国在世界范围内对姜的整个进口情况,以期确定我国姜的重点贸易伙伴和利润市场,为未来我国姜的出口方向提供一定的数据支持。同时统计了 2017—2021 年,世界范围内姜的生产大国收获面积、总产量和单位面积产量,为后续继续优化和提升姜种植产业单位效能,通过提高单位种植面积的产量和进一步提升产品品质,不断提升我国姜的国际市场硬核实力,对生姜产业发展具有积极的推动作用。

在生姜进出口贸易中,世界各国均有农药残留安全标准,国内外标准在限量制定上存在差异,限量标准也常作为贸易中的技术手段给进出口商品加以限制。如果国外使用更加严格的标准,则会增加出口难度。因此,有必要对国内外标准进行横向对比,为发展和完善我国生姜质量安全控制措施提供更好的借鉴和参考。为此,鉴于国内外生姜质量安全标准,编者分析了我国与 CAC、欧盟、美国、日本、澳大利亚、新西兰、韩国以及各国药典在标准数量上和限量值上的异同。污染物和微生物风险方面,对主要重金属污染物进行了分析,统计了各国污染物及微生物限量。以此数据为支撑,了解各国或地区生姜的检验检疫要求,将为中国生姜企业的顺利出口保驾护航。

本书分析了生姜出口贸易国的质量安全标准,为生姜出口质量安全标准的制定提供参考依据,可供出入境检验检疫、食品安全等部门,以及生姜出口企业、高等院校、科研单位参考使用。同时,随着经济全球化和贸易自由化的发展, 世界各国食品安全法规和限量标准也在不断修订和完善,为避免因标准变化造成的不必要损失,请各位读者及时关注相关标准的更新。

由于作者水平有限,编写时间较短,书中如有不妥乃至谬误之处,敬请读者批评指正。

作 者
2022 年 10 月

目　录

第 1 章　生姜的生产和贸易情况 ……………………………………………… (1)
1.1　贸易情况 ……………………………………………………………… (1)
1.2　我国主要贸易国家姜进口量分析 …………………………………… (3)
1.3　生产情况 ……………………………………………………………… (7)
1.4　小　结 ………………………………………………………………… (9)
第 2 章　以贸易国家或地区出口量排名顺序分析其风险点 ………………… (10)
2.1　农药残留风险分析…………………………………………………… (10)
2.2　污染物和微生物风险分析…………………………………………… (81)
2.3　检疫风险分析………………………………………………………… (89)
第 3 章　生姜出口预警及国内抽检风险分析 ……………………………… (96)
3.1　生姜出口预警分析…………………………………………………… (96)
3.2　生姜国内抽检预警分析……………………………………………… (98)
第 4 章　世界知名食品展会概述 ………………………………………… (101)
参考资料 ……………………………………………………………………… (104)
附　件 ………………………………………………………………………… (108)

第 1 章　生姜的生产和贸易情况

在中国,姜的食用及药用的历史很长,生姜的开发利用也比较早。姜在中国中部、东南部至西南部等地区广为栽培,主要生产省份包括山东、河南、安徽等,以山东安丘、昌邑、莱芜、平度大泽山等地出产的大姜尤为知名。作为姜的生产和消费大国,中国姜的产量与价格对全球姜市场影响十分明显。根据联合国粮农组织(FAO)网站的数据①分析,对中国大陆姜的生产和贸易相关数据进行了统计,以此为基础分析中国姜的主要出口贸易国家的进口情况,以期确定中国姜的重点贸易伙伴和利润市场,为未来中国姜的出口方向提供一定的数据支持。

1.1　贸易情况

根据 FAO 数据统计,2017—2021 年中国姜的进出口数量和金额见表 1-1。

表 1-1　2017—2021 年中国姜的进出口数量和金额统计

进出口	2017 年	2018 年	2019 年	2020 年	2021 年
进口数量/t	248	44	486	90	63
进口金额/千美元	583	204	676	137	225
出口数量/t	448 072	380 140	261 713	422 013	537 698
出口金额/千美元	261 728	399 880	548 995	447 808	369 457

中国是姜出口大国,姜进口量相对较少,2017—2021 年,中国每年出口姜的数量在 26 万~54 万 t,而进口数量仅为 44~486 t。本部分重点对姜的出口数量和出口货值进行分析。

2018—2019 年,中国姜出口数量呈递减趋势;2020—2021 年,中国姜出口数量呈递增趋势。其中 2019 年中国姜出口数量最低,为 261 713 t;2021 年姜出口数量则达到最高峰,为 537 698 t。与此同时,姜出口货值却并未和出口数量保持一致的增长或下降趋势,可见每年姜的价格波动较大,成为影响姜出口货值的主要因素。

以 2021 年中国姜的出口量和出口货值为依据,选择排名前十的国家进行统计分析。2017—2021 年,中国姜的主要出口贸易国家的情况见表 1-2 和表 1-3。

① http://www.fao.org/faostat/en/#data/QC。

表 1-2 中国姜的主要出口贸易国家和出口量统计 单位:t

国家	2017 年	2018 年	2019 年	2020 年	2021 年	合计
巴基斯坦	72 662	43 035	12 394	65 476	83 240	276 807
孟加拉国	53 892	45 434	4 420	34 683	59 986	198 415
美国	41 750	38 351	38 593	48 311	55 274	222 279
荷兰	30 875	36 366	31 915	43 742	53 707	196 605
阿拉伯联合酋长国	28 843	30 119	31 707	37 409	40 666	168 744
马来西亚	41 918	37 088	23 561	34 911	37 550	175 028
日本	38 122	31 020	26 789	28 814	32 371	157 116
沙特阿拉伯	25 723	22 028	19 876	26 587	30 429	124 643
越南	10 663	7 312	5 042	16 479	24 024	63 520
英国	17 203	17 250	17 645	19 362	20 576	92 036
世界总量	448 072	380 140	261 713	422 013	537 698	2 049 636

从表 1-2 可以看出,巴基斯坦、孟加拉国和美国是中国姜出口排名前三的国家;从2017—2021 年中国姜的出口总量分析,巴基斯坦占中国姜出口总量的 13.5%,孟加拉国占9.7%,美国占 10.8%,三国约占中国姜出口总量的 34%;表 1-2 中十国约占中国姜出口总量的 82%。

表 1-3 中国姜主要出口贸易国家和出口货值统计 单位:千美元

国家	2017 年	2018 年	2019 年	2020 年	2021 年	合计
荷兰	20 810	54 503	75 807	53 990	48 657	253 767
日本	50 070	44 810	66 421	49 732	43 781	254 814
美国	23 138	44 327	90 111	53 696	41 276	252 548
巴基斯坦	29 444	28 045	17 095	55 358	37 284	167 226
阿拉伯联合酋长国	13 853	33 692	63 307	41 545	28 314	180 711
孟加拉国	20 604	34 543	7 186	28 462	24 412	115 207
马来西亚	18 480	31 449	43 579	30 672	19 492	143 672
英国	10 940	22 671	41 455	23 425	17 556	116 047
越南	5 486	4 211	4 141	13 013	16 424	43 275
沙特阿拉伯	10 617	21 459	36 011	22 236	16 165	106 488
世界总值	261 728	399 880	548 995	447 808	369 457	2 027 868

从表 1-3 进一步计算分析可知,荷兰、日本和美国是中国姜出口货值排名前三的国家。从 2017—2021 年中国姜出口总货值分析,荷兰占中国姜出口总货值的 12.5%,日本占 12.6%,美国占 12.5%,三国占中国姜出口总货值的 37.6%;而巴基斯坦和孟加拉国分

别占 8.2%和 5.7%;表 1-3 中十国约占中国姜出口总货值的 80.6%。

以表 1-2 和表 1-3 为基础,用中国姜的出口货值/出口量计算分析上述十国进口中国姜的年均单价,具体数据见表 1-4。

表 1-4　中国姜主要出口贸易国家的进口价格(仅针对中国)统计　单位:千美元/t

国家	2017 年	2018 年	2019 年	2020 年	2021 年	平均值
日本	1.31	1.44	2.48	1.73	1.35	1.62
荷兰	0.67	1.50	2.38	1.23	0.91	1.29
英国	0.64	1.31	2.35	1.21	0.85	1.26
美国	0.55	1.16	2.33	1.11	0.75	1.14
阿拉伯联合酋长国	0.48	1.12	2.00	1.11	0.70	1.07
越南	0.51	0.58	0.82	0.79	0.68	0.68
沙特阿拉伯	0.41	0.97	1.81	0.84	0.53	0.85
马来西亚	0.44	0.85	1.85	0.88	0.52	0.82
巴基斯坦	0.41	0.65	1.38	0.85	0.45	0.60
孟加拉国	0.38	0.76	1.63	0.82	0.41	0.58
世界平均价格	0.58	1.05	2.10	1.06	0.69	0.99

从表 1-4 可以看出,2017—2021 年,中国姜出口各国的年均单价波动较大。其中,2019 年最高,2017 年最低。在世界范围内,2019 年年均单价约为 2017 年的 3 倍;出口日本、荷兰、英国和美国的中国姜年度均价均高于世界平均值,而出口越南、沙特阿拉伯、马来西亚、巴基斯坦和孟加拉国的年度均价均低于世界平均值。中国姜出口日本年均单价最高,2017—2021 年平均为 1.62 千美元/t,而孟加拉国的价格最低,为 0.58 千美元/t。

1.2　我国主要贸易国家姜进口量分析

由 1.1 部分可基本确定我国姜的主要出口贸易国,但由于 FAO 关于阿拉伯联合酋长国、巴基斯坦、孟加拉国的姜进口量统计数据并不全面,且无越南姜进口量的统计数据,因此仅选取荷兰、美国、日本、马来西亚和英国 5 个国家作为中国姜出口的核心贸易国家进行分析。另外,通过 FAO 网站提供的有关中国向相关贸易国家出口姜的情况进行统计,以此确定世界范围内中国姜的主要贸易国;进一步将主要贸易国在世界范围内对姜的整个进口情况作为研究基础,用以统计分析其进口姜的总体情况及与中国的贸易关系(考虑各国统计数据节点、货物损失等会造成贸易双方数据统计的差异。因此,统计数据分别以研究对象国提供的数据为研究基准)。以这些国家进口姜的总量和总货值、进口中国姜的总量和总货值等为主要数据基础进行统计分析,相关数据分别见表 1-5~表 1-10。

表 1-5　主要贸易国家姜进口量年度数据统计　　单位:t

国家	2017 年	2018 年	2019 年	2020 年	2021 年	合计
日本	71 721	67 147	60 739	60 907	68 840	329 354
美国	56 163	57 535	58 757	72 922	79 803	325 180
荷兰	35 144	38 785	39 708	54 260	62 678	230 575
马来西亚	44 105	40 971	34 356	38 072	42 437	199 941
英国	19 432	19 595	19 465	21 689	23 850	104 031
阿拉伯联合酋长国	—	—	37 592	44 112	48 284	129 988
巴基斯坦	74 159	62 147	—	—	—	136 306
孟加拉国	—	—	—	66 243	—	66 243
沙特阿拉伯	31 300	28 171	28 469	34 417	—	122 357
越南	—	—	—	—	—	0

表 1-6　主要贸易国家进口中国姜数量统计　　单位:t

国家	2017 年	2018 年	2019 年	2020 年	2021 年	合计
美国	46 209	46 811	42 899	57 068	62 480	255 467
日本	50 340	45 678	42 220	45 896	50 801	234 935
荷兰	27 427	32 083	28 979	41 656	48 023	178 168
马来西亚	41 137	34 523	23 513	33 380	37 893	170 446
英国	17 299	17 039	16 406	19 116	20 581	90 441
阿拉伯联合酋长国	—	—	32 485	38 905	43 537	114 927
巴基斯坦	61 643	37 824	—	—	—	99 467
孟加拉国	—	—	—	32 482	—	32 482
沙特阿拉伯	28 414	25 250	25 043	31 260	—	109 967
越南	—	—	—	—	—	0

表 1-7　主要贸易国家进口中国姜的数量占其总进口量的百分比　　%

国家	2017 年	2018 年	2019 年	2020 年	2021 年	平均值
荷兰	78	83	73	77	77	77
美国	82	81	73	78	78	79
日本	70	68	70	75	74	71
马来西亚	93	84	68	88	89	85
英国	89	87	84	88	86	87

结合表 1-5~表 1-7 可以看出,2017—2021 年,中国姜贸易的 5 个主要国家中,按各国对姜的总进口量排名依次是日本、美国、荷兰、马来西亚和英国;按各国对中国姜的进口总量排名依次是美国、日本、荷兰、马来西亚和英国;按该国进口中国姜总量占其总进口量百分比计算排名依次是英国、马来西亚、美国、荷兰和日本,占比分别为 87%、85%、79%、77%和 71%。

表 1-8　主要贸易国家姜总的进口货值统计　单位:千美元

国家	2017 年	2018 年	2019 年	2020 年	2021 年	合计
日本	102 880	100 178	131 479	117 746	98 549	550 832
美国	46 502	80 794	124 967	113 111	92 693	458 067
荷兰	36 994	65 850	109 236	84 227	74 403	370 710
马来西亚	19 122	34 251	46 317	31 161	21 841	152 692
英国	19 925	30 306	52 624	35 565	30 091	168 511
阿拉伯联合酋长国	—	—	31 133	28 354	21 997	81 484
巴基斯坦	32 756	35 327	—	—	—	68 083
孟加拉国	—	—	—	57 524	—	57 524
沙特阿拉伯	26 508	27 120	32 633	34 598	—	120 859
越南	—	—	—	—	—	0

表 1-9　主要贸易国家从中国进口姜的进口货值统计　单位:千美元

国家	2017 年	2018 年	2019 年	2020 年	2021 年	合计
日本	69 985	67 270	96 651	84 892	70 091	388 889
美国	28 640	58 240	89 887	73 556	59 637	309 960
荷兰	22 086	51 485	79 142	56 659	47 331	256 703
马来西亚	17 722	31 201	41 573	29 331	20 268	140 095
英国	13 162	22 423	41 810	25 804	18 142	121 341
阿拉伯联合酋长国	—	—	25 109	19 639	15 266	60 014
巴基斯坦	27 896	20 389	—	—	—	48 285
孟加拉国	—	—	—	30 340	—	30 340
沙特阿拉伯	22 935	23 172	27 863	29 990	—	103 960
越南	—	—	—	—	—	—

表 1-10　主要贸易国家进口中国姜货值占进口姜货值总额的百分比　%

国家	2017 年	2018 年	2019 年	2020 年	2021 年	平均值
荷兰	60	78	72	67	64	69
美国	62	72	72	65	64	68
日本	68	67	74	72	71	71
马来西亚	93	91	90	94	93	92
英国	66	74	79	73	60	70

从表 1-8 分析得出,2017—2021 年,在世界范围内,中国主要贸易国家进口姜的货值总量排名依次是日本、美国、荷兰、英国和马来西亚。综合表 1-9 和表 1-10 可以看出,2017—2021年,按各国对中国姜进口货值总量平均值进行排名依次是日本、美国、荷兰、马来西亚和英国;进口中国姜的货值占其进口姜总货值百分比排名依次是马来西亚、日本、英国、荷兰和美国,分别为 92%、71%、70%、69%和 68%。

此外,根据海关总署网站对姜出口各国数据的统计,2020—2021 年中国姜对外出口近 100 个国家,其中未磨的姜出口 80 多个国家,已磨的姜出口 50 多个国家。2020 年,中国出口姜总量为 454 549 t,总金额为 290 301 万元,其中未磨的姜 440 912 t,金额272 443 万元;已磨的姜 13 637 t,金额 17 858 万元。2021 年,中国出口姜总量为 490 496 t,总金额为 310 578 万元,其中未磨的姜 476 801 t,金额 291 711 万元;已磨的姜 13 695 t,金额 18 867万元。2020 年和 2021 年中国对外出口未磨的姜在 1 万 t 以上的国家(排名前 11 的国家)如表 1-11 所示。2020 年和 2021 年中国对外出口已磨的姜在 100 t 以上的国家(排名前 9 的国家)如表 1-12 所示。

表 1-11 2020 年和 2021 年中国出口未磨的姜数量和金额统计

国家	2020 年		2021 年	
	数量/kg	金额/元	数量/kg	金额/元
美国	55 833 544	374 121 709	59 091 317	364 757 915
巴基斯坦	52 341 664	256 173 338	62 650 385	329 668 041
荷兰	49 942 474	370 003 481	55 874 528	410 793 497
阿拉伯联合酋长国	42 110 128	238 164 602	40 680 908	193 284 632
孟加拉国	35 234 125	155 400 990	42 757 600	191 772 382
马来西亚	34 263 135	169 699 632	35 896 221	182 711 172
沙特阿拉伯	32 393 738	160 826 385	27 014 767	136 712 127
日本	23 521 367	221 155 615	22 633 806	210 565 777
英国	18 477 869	132 056 917	18 221 397	140 736 203
加拿大	13 575 076	88 516 720	14 418 788	104 054 932
越南	12 842 931	71 609 437	22 098 790	137 458 315
世界总量	440 911 741	2 724 429 126	476 800 849	2 917 107 769

数据来源:中国海关总署网站。

由表 1-11 中数据可知,自中国进口未磨的姜数量和金额较大的国家主要有美国、巴基斯坦、荷兰、阿拉伯联合酋长国、孟加拉国等。2020 年美国自中国进口未磨的姜数量位居第一,巴基斯坦位居第二,两国进口数量均在 5 万 t 以上。2021 年巴基斯坦自中国进口未磨的姜数量在 6 万 t 以上,超过美国。而美国自中国进口未磨的姜数量较 2020 年也有所增长。此外,荷兰、阿拉伯联合酋长国、孟加拉国、马来西亚进口未磨的姜数量也较大,2021 年较 2020 年,荷兰、孟加拉国、马来西亚进口数量均有所增长,而阿拉伯联合酋长国进口数量有所减少。

表 1-12　2020 年和 2021 年中国出口已磨的姜数量和金额统计

国家	2020 年		2021 年	
	数量/kg	金额/元	数量/kg	金额/元
日本	6 190 835	88 629 310	4 469 008	75 648 424
英国	3 018 281	16 331 553	3 573 527	15 414 456
美国	1 724 427	25 842 029	1 726 205	26 907 140
德国	897 867	17 051 067	1 409 294	28 285 410
荷兰	339 890	7 974 206	502 180	12 230 197
比利时	297 970	1 879 520	430 480	2 797 469
韩国	224 025	4 125 633	367 900	8 479 716
法国	192 100	2 064 515	103 627	939 649
世界总量	13 637 221	178 582 438	13 695 272	188 668 537

数据来源：中国海关总署网站。

由表 1-12 中数据可知，日本、英国、美国、德国、荷兰、比利时、韩国、法国自中国进口的已磨的姜数量连续两年均排名前九。2020 年自中国进口已磨的姜的国家和地区中，第一位是日本，进口已磨的姜数量在 6 190 t 以上；第二位是英国，进口已磨的姜数量在 3 018 t以上。2021 年较 2020 年，日本自中国进口已磨的姜数量减少了 27.81%，英国自中国进口已磨的姜数量增加了 18.4%。

1.3　生产情况

以 FAO 有关姜的贸易数据为基础，2021 年姜的收获面积、总生产量和单位面积产量为主要变量，选择排名前十的国家进行对应数据的统计分析。2017—2021 年，世界范围内，姜的生产大国收获面积、总产量和单位面积产量分别见表 1-13～表 1-15。

表 1-13　2017—2021 年世界范围内姜的生产大国收获面积统计　单位：hm^2

国家	2017 年	2018 年	2019 年	2020 年	2021 年
印度	136 000	133 000	142 000	165 000	168 000
尼日利亚	124 100	47 512	64 356	71 875	66 446
中国	37 000	42 300	45 471	52 000	52 462
尼泊尔	19 376	24 226	23 826	21 869	22 649
印度尼西亚	10 279	15 345	15 324	12 932	10 556
泰国	9 730	9 693	9 656	9 825	10 081
喀麦隆	6 120	5 534	5 809	8 066	9 338
孟加拉国	8 941	9 498	10 216	9 473	9 307
菲律宾	3 963	3 850	3 805	3 831	3 908
埃塞俄比亚	3 500	3 261	3 418	3 478	3 535
世界总量	372 617	309 031	339 476	375 836	371 816

表 1-14　2017—2021 年世界范围内姜的生产大国总生产量统计　单位:t

国家	2017 年	2018 年	2019 年	2020 年	2021 年
印度	683 000	655 000	760 000	1 109 000	1 070 000
中国	390 000	449 469	483 425	550 000	557 303
尼日利亚	496 920	168 128	284 440	355 712	349 895
尼泊尔	235 033	276 150	242 547	271 863	279 504
印度尼西亚	155 286	226 115	313 064	340 341	216 587
泰国	161 157	161 404	162 404	163 650	167 479
喀麦隆	48 960	51 039	55 428	79 273	91 821
孟加拉国	69 000	77 000	83 004	77 290	77 478
日本	52 923	51 450	49 400	50 800	51 466
马里	28 711	33 566	34 470	38 589	38 179
世界总量	2 442 095	2 270 295	2 599 269	3 171 518	3 038 122

综合表 1-13、表 1-14 可知,世界范围内,姜的生产大国中收获面积和总生产量名列前茅的是印度、尼日利亚和中国。以 2021 年数据统计分析,三国姜的收获面积之和约占全球总收获面积的 77%;三国姜生产量之和约占全球总产量的 65%。2017—2021 年,印度的姜收获面积和产量均为世界第一,每年收获面积均在 13 万 hm^2 以上,每年总生产量均在 65 万 t 以上。2017—2021 年,中国的姜收获面积和总生产量逐年递增,每年总生产量均在 39 万 t 以上。可能受地理环境、气候、土壤等条件影响,2017—2021 年,尼日利亚的姜收获面积均比中国的收获面积大。此外,尼泊尔、印度尼西亚和泰国等也是姜的生产大国。

表 1-15　2017—2021 年世界范围内姜的生产大国单位面积产量统计　单位:kg/hm^2

国家	2017 年	2018 年	2019 年	2020 年	2021 年	平均值
美国	34 251.9	33 157.9	32 064.0	30 970.0	29 876.1	32 064.0
日本	27 299.5	27 223.7	26 847.8	28 066.3	28 162.1	27 519.9
斐济	34 635.4	34 524.1	25 036.9	24 992.4	25 033.0	28 844.4
圭亚那	11 968.8	12 081.6	44 669.7	29 054.8	24 213.0	24 397.6
印度尼西亚	15 106.7	14 735.6	20 429.9	26 317.7	20 517.9	19 421.6
泰国	16 562.9	16 651.6	16 819.0	16 656.8	16 613.0	16 660.7
马里	14 611.4	12 014.8	15 098.6	15 560.1	15 756.7	14 608.3
马来西亚	9 889.1	10 281.5	13 390.4	14 211.2	14 660.1	12 486.5
科特迪瓦	12 452.6	12 750.8	13 048.9	13 347.1	13 645.2	13 048.9

从表 1-15 可知,世界范围内,姜的单位面积产量排名前三的国家依次是美国、日本和斐济。2017—2021 年,美国平均产量约为 3.2 万 kg/hm^2,日本约为 2.8 万 kg/hm^2,斐济约

为 2.9 万 kg/hm^2。而中国大陆仅排名第 16 位，约为 1.1 万 kg/hm^2。中国大陆姜的平均产量仅为美国的 34%、日本的 39%。此组数据表明，中国大陆姜的单位面积产量还有很大的提升空间，中国需要借鉴美国、日本等产量较高国家的种植经验，从品种、技术和管理等各个方面入手，提升中国姜的单位面积产量。

1.4 小　结

结合 FAO 有关姜的统计数据可知，中国与世界上 100 余个国家进行姜的贸易往来，综合本章 1.1～1.3 部分的数据分析可知，荷兰、美国、日本、马来西亚、英国、阿拉伯联合酋长国、巴基斯坦、孟加拉国、沙特阿拉伯和越南是世界范围内中国姜的主要贸易伙伴，约占中国姜总出口量的 82%，未来可继续作为我国姜的主要出口贸易市场。

按我国姜出口总量的排名，主要贸易国家依次是巴基斯坦、孟加拉国、美国、荷兰、阿拉伯联合酋长国、马来西亚、日本、沙特阿拉伯、越南和英国；按我国姜出口货值排名，主要贸易国家依次是荷兰、日本、美国、巴基斯坦、阿拉伯联合酋长国、孟加拉国、马来西亚、英国、越南和沙特阿拉伯。因此，综合来讲，这 10 个国家是中国姜出口的主要市场，同时兼具贸易量和货值的市场潜力。

按照统一的成本价格折算考虑，可以以各个国家进口中国姜的年均单价作为衡量利润率的重要指标。按照表 1-4 统计数据结果显示，我国姜出口贸易利润率较高的国家排名依次是日本、荷兰、英国、美国、阿拉伯联合酋长国、越南、沙特阿拉伯、马来西亚、巴基斯坦和孟加拉国。因此，未来我国生姜的出口需要继续巩固和加强与上述几个国家的贸易往来。

值得说明的是，在国际贸易中，产品的市场占有率和货值或单价受多方面因素的影响，包括并不限于产品的品质、国际市场产品的产量、进口国的产品标准要求等技术贸易壁垒等。目前，我国姜的种植面积和产量在世界范围内均没有明显的优势，也是后续我们继续优化和提升姜种植产业单位效能的重要指标，通过提高单位种植面积的产量和进一步提升产品品质，不断提升中国姜的国际市场硬核实力。

第2章 以贸易国家或地区出口量排名顺序分析其风险点

2.1 农药残留风险分析

2.1.1 高风险农药的识别分析

2.1.1.1 各国家、地区和组织低限量农药比对分析

各国家、地区和组织关于生姜中农残限量≤0.05 mg/kg 的农残具体数据见表 2-1~表 2-10。

表 2-1 中国大陆关于生姜中低限量农药最大残留限量标准(≤0.05 mg/kg)

序号	中文名称	英文名称	ADI/(mg/kg · bw)	食品名称	最大残留限量/(mg/kg)
1	萘乙酸和萘乙酸钠	1 - Naphthylacetic acid and sodium 1-naphthalacitic acid	0.15	姜	0.05
2	涕灭威	Aldicarb	0.003	根茎类和薯芋类蔬菜(甘薯、马铃薯、木薯、山药除外)	0.03
3	艾氏剂	Aldrin	0.000 1	根茎类和薯芋类蔬菜	0.05(R)
4	联苯菊酯	Bifenthrin	0.01	根茎类和薯芋类蔬菜	0.05
5	硫线磷	Cadusafos	0.000 5	根茎类和薯芋类蔬菜	0.02
6	毒杀芬	Camphechlor	0.000 25	根茎类和薯芋类蔬菜	0.05*
7	克百威	Carbofuran	0.001	根茎类和薯芋类蔬菜(马铃薯除外)	0.02
8	氯虫苯甲酰胺	Chlorantraniliprole	2	根茎类和薯芋类蔬菜	0.02*
9	氯丹	Chlordane	0.000 5	根茎类和薯芋类蔬菜	0.02(R)
10	杀虫脒	Chlordimeform	0.001	根茎类和薯芋类蔬菜	0.01
11	氯化苦	Chloropicrin	0.001	姜	0.05*
12	蝇毒磷	Coumaphos	0.000 3	根茎类和薯芋类蔬菜	0.05
13	氯氟氰菊酯和高效氯氟氰菊酯	Cyhalothrinand lambda-cyhalothrin	0.02	根茎类和薯芋类蔬菜	0.01
14	氯氰菊酯和高效氯氰菊酯	Cypermethrinand beta-cypermethrin	0.02	根茎类和薯芋类蔬菜	0.01

续表 2-1

序号	中文名称	英文名称	ADI/(mg/kg · bw)	食品名称	最大残留限量/(mg/kg)
15	滴滴涕	DDT	0.01	根茎类和薯芋类蔬菜(胡萝卜除外)	0.05(R)
16	内吸磷	Demeton	0.000 04	根茎类和薯芋类蔬菜	0.02
17	狄氏剂	Dieldrin	0.000 1	根茎类和薯芋类蔬菜	0.05(R)
18	异狄氏剂	Endrin	0.000 2	根茎类和薯芋类蔬菜	0.05(R)
19	灭线磷	Ethoprophos	0.000 4	根茎类和薯芋类蔬菜	0.02
20	苯线磷	Fenamiphos	0.000 8	根茎类和薯芋类蔬菜	0.02
21	倍硫磷	Fenthion	0.007	根茎类和薯芋类蔬菜	0.05
22	氟虫腈	Fipronil	0.000 2	根茎类和薯芋类蔬菜	0.02
23	地虫硫磷	Fonofos	0.002	根茎类和薯芋类蔬菜	0.01
24	六六六	HCH	0.005	根茎类和薯芋类蔬菜	0.05
25	七氯	Heptachlor	0.000 1	根茎类和薯芋类蔬菜	0.02
26	氯唑磷	Isazofos	0.000 05	根茎类和薯芋类蔬菜	0.01
27	水胺硫磷	Isocarbophos	0.003	根茎类和薯芋类蔬菜	0.05
28	甲基异柳磷	Isofenphos-methyl	0.003	根茎类和薯芋类蔬菜(甘薯除外)	0.01*
29	甲胺磷	Methamidophos	0.004	根茎类和薯芋类蔬菜(萝卜除外)	0.05
30	杀扑磷	Methidathion	0.001	根茎类和薯芋类蔬菜	0.05
31	灭蚁灵	Mirex	0.000 2	根茎类和薯芋类蔬菜	0.01(R)
32	久效磷	Monocrotophos	0.000 6	根茎类和薯芋类蔬菜	0.03
33	氧乐果	Omethoate	0.000 3	根茎类和薯芋类蔬菜	0.02
34	百草枯	Paraquat	0.005	根茎类和薯芋类蔬菜	0.05*
35	对硫磷	Parathion	0.004	根茎类和薯芋类蔬菜	0.01
36	甲基对硫磷	Parathion-methyl	0.003	根茎类和薯芋类蔬菜	0.02
37	甲拌磷	Phorate	0.000 7	根茎类和薯芋类蔬菜	0.01
38	硫环磷	Phosfolan	0.005	根茎类和薯芋类蔬菜	0.03
39	甲基硫环磷	Phosfolan-methyl	—	根茎类和薯芋类蔬菜	0.03*
40	磷胺	Phosphamidon	0.000 5	根茎类和薯芋类蔬菜	0.05
41	辛硫磷	Phoxim	0.004	根茎类和薯芋类蔬菜	0.05
42	抗蚜威	Pirimicarb	0.02	根茎类和薯芋类蔬菜	0.05
43	治螟磷	Sulfotep	0.001	根茎类和薯芋类蔬菜	0.01
44	特丁硫磷	Terbufos	0.000 6	根茎类和薯芋类蔬菜	0.01

注:“*”表示该限量为临时限量;“(R)”表示该限量为再残留限量。

表 2-2 CAC 关于生姜中低限量农药最大残留限量标准(≤0.05 mg/kg)

序号	农药中文名称	农药英文名称	CAC		
			食品中文名称	食品英文名称	最大残留限量/(mg/kg)
1	氰虫酰胺	Cyantraniliprole	根及块茎类蔬菜	Root and tuber vegetables	0.05
2	百草枯	Paraquat	根及块茎类蔬菜	Root and tuber vegetables	0.05
3	联苯菊酯	Bifenthrin	根及块茎类蔬菜	Root and tuber vegetables	0.05
4	抗蚜威	Pirimicarb	根及块茎类蔬菜	Root and tuber vegetables	0.05
5	氟啶虫胺腈	Sulfoxaflor	根及块茎类蔬菜	Root and tuber vegetables	0.03
6	除虫菊素	Pyrethrins	根及块茎类蔬菜	Root and tuber vegetables	0.05
7	氯虫苯甲酰胺	Chlorantraniliprole	根及块茎类蔬菜	Root and tuber vegetables	0.02
8	(包括 α-氯氰菊酯和 zeta-氯氰菊酯)	Cypermethrins (including alpha-and zeta-cypermethrin)	根及块茎类蔬菜	Root and tuber vegetables	0.01
9	氯氟氰菊酯(包括高效氯氟氰菊酯)	Cyhalothrin (includes lambda-cyhalothrin)	根及块茎类蔬菜	Root and tuber vegetables	0.01
10	氯丹	Chlordane	水果和蔬菜	Fruits and vegetables	0.02

表2-3　欧盟关于生姜中低限量农药最大残留限量标准(≤0.05 mg/kg)

序号	农药中文名称	农药英文名称	欧盟		
			食品中文名称	食品英文名称	最大残留限量/(mg/kg)
1	1,1-二氯-2,2-二(4-乙苯基)乙烷	1,1-dichloro-2,2-bis(4-ethylphenyl)ethane	姜	Ginger	0.01*
2	1,2-二溴乙烷	1,2-dibromoethane (ethylene dibromide)	姜	Ginger	0.01*
3	1,2二氯乙烷	1,2-dichloroethane (ethylene dichloride)	姜	Ginger	0.01*
4	1,3-二氯丙烯	1,3-Dichloropropene	姜	Ginger	0.01*
5	1,4-二甲基萘(1,4-DMN)	1,4-Dimethylnaphthalene	姜	Ginger	0.01
6	1-甲基环丙烯	1-methylcyclopropene	姜	Ginger	0.01*
7	2,4,5-涕	2,4,5-T	姜	Ginger	0.01*
8	2,4-滴	2,4-D	姜	Ginger	0.05*
9	2,4-滴丁酸	2,4-DB	姜	Ginger	0.01*
10	由使用三氟磺隆得到的2-氨基-4-甲氧基-6-(三氟甲基)-1,3,5-三嗪(AMTT)	2-amino-4-methoxy-6-(trifluormethyl)-1,3,5-triazine(AMTT),resulting from the use of tritosulfuron	姜	Ginger	0.01*
11	2-萘氧乙酸	2-naphthyloxyacetic acid	姜	Ginger	0.01*
12	2-苯基苯酚(2-苯基苯酚及其共轭物的总和,以2-苯基苯酚表示)	2-phenylphenol(sum of 2-phenylphenol and its conjugates, expressed as 2-phenylphenol)	姜	Ginger	0.01*
13	8-羟基喹啉	8-hydroxyquinoline	姜	Ginger	0.01*
14	阿灭丁(阿维菌素)	Abamectin	姜	Ginger	0.01*
15	乙酰甲胺磷	Acephate	姜	Ginger	0.01*
16	灭螨醌	Acequinocyl	姜	Ginger	0.01*
17	啶虫脒	Acetamiprid	姜	Ginger	0.01*
18	乙草胺	Acetochlor	姜	Ginger	0.01*

续表 2-3

序号	农药中文名称	农药英文名称	欧盟		
			食品中文名称	食品英文名称	最大残留限量/(mg/kg)
19	苯并噻二唑	Acibenzolar-S-methyl	姜	ginger	0.01*
20	氟丙菊酯和它的对应异构体	Acrinathrin and its enantiomer	姜	ginger	0.02*
21	甲草胺	Alachlor	姜	ginger	0.01*
22	涕灭威	Aldicarb	姜	ginger	0.02*
23	艾氏剂和狄氏剂	Aldrin and Dieldrin	姜	ginger	0.01*
24	唑嘧菌胺	Ametoctradin	姜	ginger	0.01*
25	酰嘧磺隆	Amidosulfuron	姜	ginger	0.01*
26	吲唑磺菌胺	Amisulbrom	姜	ginger	0.01*
27	双甲脒	Amitraz	姜	ginger	0.05*
28	杀草强	Amitrole	姜	ginger	0.01*
29	敌菌灵	Anilazine	姜	ginger	0.01*
30	蒽醌	Anthraquinone	姜	ginger	0.01*
31	杀螨特	Aramite	姜	ginger	0.01*
32	磺草灵	Asulam	姜	ginger	0.05*
33	莠去津	Atrazine	姜	ginger	0.05*
34	四唑嘧磺隆	Azimsulfuron	姜	ginger	0.01*
35	益棉磷	Azinphos-ethyl	姜	ginger	0.02*
36	甲基谷硫磷	Azinphos-methyl	姜	ginger	0.05*
37	三唑锡和三环锡(总和,以三环锡计)	Azocyclotin and Cyhexatin (sum of azocyclotin and cyhexatin expressed as cyhexatin)	姜	ginger	0.01*
38	燕麦灵	Barban	姜	ginger	0.01*
39	氟丁酰草胺	Beflubutamid	姜	ginger	0.02*
40	苯霜灵,包括其他混合异构体及精苯霜灵及其异构体之和	Benalaxyl including other mixtures of constituent isomers including benalaxyl-M(sum of isomers)	姜	ginger	0.05*
41	氟草胺	Benfluralin	姜	ginger	0.02*

续表 2-3

序号	农药中文名称	农药英文名称	欧盟		
			食品中文名称	食品英文名称	最大残留限量/(mg/kg)
42	苄嘧磺隆	Bensulfuron-methyl	姜	ginger	0.01*
43	排草丹	Bentazone	姜	ginger	0.03*
44	苯噻菌胺	Benthiavalicarb	姜	ginger	0.01*
45	苯并烯氟菌唑	Benzovindiflupyr	姜	ginger	0.01*
46	氟吡草酮	bicyclopyrone	姜	ginger	0.01
47	联苯肼酯	Bifenazate	姜	ginger	0.02*
48	甲羧除草醚	Bifenox	姜	ginger	0.01*
49	联苯菊酯(异构体之和)	Bifenthrin (sum of isomers)	姜	ginger	0.05
50	联苯	Biphenyl	姜	ginger	0.01*
51	双苯三唑醇	Bitertanol	姜	ginger	0.01*
52	联苯吡菌胺	Bixafen	姜	ginger	0.01*
53	骨油	Bone oil	姜	ginger	0.01*
54	溴敌隆	Bromadiolone	姜	ginger	0.01*
55	乙基溴硫磷	Bromophos-ethyl	姜	ginger	0.01*
56	溴螨酯	Bromopropylate	姜	ginger	0.01*
57	溴苯腈及其盐,以溴苯腈计	Bromoxynil and its salts, expressed as bromoxynil	姜	ginger	0.01*
58	糠菌唑	Bromuconazole	姜	ginger	0.01*
59	乙嘧酚磺酸酯	Bupirimate	姜	ginger	0.05*
60	噻嗪酮	Buprofezin	姜	ginger	0.01*
61	丁乐灵	Butralin	姜	ginger	0.01*
62	丁草敌	Butylate	姜	ginger	0.01*
63	硫线磷	Cadusafos	姜	ginger	0.01*
64	毒杀芬	Camphechlor(Toxaphene)	姜	ginger	0.01*
65	敌菌丹	Captafol	姜	ginger	0.02*
66	甲萘威	Carbaryl	姜	ginger	0.01*
67	长杀草	Carbetamide	姜	ginger	0.01*

续表 2-3

序号	农药中文名称	农药英文名称	欧盟		
			食品中文名称	食品英文名称	最大残留限量/(mg/kg)
68	呋喃丹	Carbofuran	姜	ginger	0.002*
69	一氧化碳	Carbon monoxide	姜	ginger	0.01*
70	四氯化碳	Carbon tetrachloride	姜	ginger	0.01
71	萎锈灵	Carboxin	姜	ginger	0.03*
72	氟酮唑草	Carfentrazone-ethyl	姜	ginger	0.01*
73	杀螟丹	Cartap	姜	ginger	0.01
74	氯杀螨	Chlorbenside	姜	ginger	0.01*
75	氯草灵	Chlorbufam	姜	ginger	0.01*
76	氯丹	Chlordane	姜	ginger	0.01*
77	十氯酮	Chlordecone	姜	ginger	0.02
78	溴虫腈	Chlorfenapyr	姜	ginger	0.01*
79	杀螨酯	Chlorfenson	姜	ginger	0.01*
80	杀螟威	Chlorfenvinphos	姜	ginger	0.01*
81	矮壮素	Chlormequat	姜	ginger	0.01*
82	乙酯杀螨醇	Chlorobenzilate	姜	ginger	0.02*
83	氯化苦	Chloropicrin	姜	ginger	0.005*
84	绿麦隆	Chlorotoluron	姜	ginger	0.01*
85	枯草隆	Chloroxuron	姜	ginger	0.01*
86	氯苯胺灵	Chlorpropham	姜	ginger	0.01*
87	氯磺隆	Chlorsulfuron	姜	ginger	0.05*
88	氯酞酸二甲酯	Chlorthal-dimethyl	姜	ginger	0.01*
89	草克乐	Chlorthiamid	姜	ginger	0.01*
90	乙菌利	Chlozolinate	姜	ginger	0.01*
91	环虫酰肼	Chromafenozide	姜	ginger	0.01*
92	吲哚酮草酯	Cinidon-ethyl	姜	ginger	0.05*
93	炔草酯和炔草酯 S-异构体及其盐	Clodinafop and its S-isomers and their salts	姜	ginger	0.02*
94	四螨嗪	Clofentezine	姜	ginger	0.02*
95	异恶草酮	Clomazone	姜	ginger	0.01*

续表 2-3

序号	农药中文名称	农药英文名称	欧盟		
			食品中文名称	食品英文名称	最大残留限量/(mg/kg)
96	噻虫胺	Clothianidin	姜	ginger	0.01*
97	蝇毒硫磷	Coumaphos	姜	ginger	0.01
98	氰胺包括其盐	Cyanamide including salts	姜	ginger	0.01*
99	氰虫酰胺	Cyantraniliprole	姜	ginger	0.05
100	环丙草酰胺	Cyclanilide	姜	ginger	0.05*
101	环溴虫酰胺	Cyclaniliprole	姜	ginger	0.01*
102	环氟菌胺	Cyflufenamid	姜	ginger	0.02*
103	丁氟螨酯	Cyflumetofen	姜	ginger	0.01
104	氟氯氰菊酯	Cyfluthrin	姜	ginger	0.02*
105	氰氟草酯	Cyhalofop-butyl	姜	ginger	0.02*
106	霜脲氰	Cymoxanil	姜	ginger	0.01*
107	氯氰菊酯	Cypermethrin	姜	ginger	0.05*
108	环唑醇	Cyproconazole	姜	ginger	0.05*
109	灭蝇胺	Cyromazine	姜	ginger	0.05*
110	茅草枯	Dalapon	姜	ginger	0.05*
111	棉隆	Dazomet	姜	ginger	0.02*
112	滴滴涕	DDT	姜	ginger	0.05*
113	溴氰菊酯	Deltamethrin(cis-deltamethrin)	姜	ginger	0.02*(+)
114	甜菜安	Desmedipham	姜	ginger	0.01*
115	燕麦敌	Di-allate	姜	ginger	0.01*
116	二嗪农	Diazinon	姜	ginger	0.01*
117	麦草畏	Dicamba	姜	ginger	0.05*
118	敌草腈	Dichlobenil	姜	ginger	0.01*
119	2,4-滴丙酸	Dichlorprop	姜	ginger	0.02*
120	敌敌畏	Dichlorvos	姜	ginger	0.01*
121	禾草灵	Diclofop	姜	ginger	0.05*
122	氯硝胺	Dicloran	姜	ginger	0.01*

续表 2-3

序号	农药中文名称	农药英文名称	欧盟		
			食品中文名称	食品英文名称	最大残留限量/(mg/kg)
123	三氯杀螨醇	Dicofol	姜	ginger	0.02*
124	乙霉威	Diethofencarb	姜	ginger	0.01*
125	除虫脲	Diflubenzuron	姜	ginger	0.01*
126	吡氟草胺	Diflufenican	姜	ginger	0.01*
127	二甲草胺	Dimethachlor	姜	ginger	0.01*
128	二甲吩草胺(二甲吩草胺-P 包括其异构体混和物之和)	Dimethenamid including other mixtures of constituent isomers including dimethenamid-P (sum of isomers)	姜	ginger	0.01*
129	噻节因	Dimethipin	姜	ginger	0.05*
130	乐果	Dimethoate	姜	ginger	0.03(+)
131	烯酰吗啉及其异构体之和	Dimethomorph(sum of isomers)	姜	ginger	0.01*
132	醚菌胺	Dimoxystrobin	姜	ginger	0.01*
133	烯唑醇及其异构体之和	Diniconazole(sum of isomers)	姜	ginger	0.01*
134	消螨普	Dinocap	姜	ginger	0.02*
135	地乐酚	Dinoseb	姜	ginger	0.02*
136	呋虫胺	Dinotefuran	姜	ginger	0.01
137	特乐酚	Dinoterb	姜	ginger	0.01*
138	敌杀磷(异构体之和)	Dioxathion(sum of isomers)	姜	ginger	0.01*
139	敌草快	Diquat	姜	ginger	0.01*
140	乙拌磷	Disulfoton	姜	ginger	0.01*
141	二氰蒽醌	Dithianon	姜	ginger	0.01*
142	敌草隆	Diuron	姜	ginger	0.01*
143	二硝甲酚	DNOC	姜	ginger	0.01*
144	吗菌灵	Dodemorph	姜	ginger	0.01*
145	多果定	Dodine	姜	ginger	0.01*

续表 2-3

序号	农药中文名称	农药英文名称	欧盟		
			食品中文名称	食品英文名称	最大残留限量/(mg/kg)
146	甲胺基阿维菌素苯甲酸盐(甲维盐),以甲氨基阿维菌素计	Emamectin benzoate Bla, expressed as emamectin	姜	ginger	0.01*
147	硫丹	Endosulfan	姜	ginger	0.05*
148	异狄氏剂	Endrin	姜	ginger	0.01*
149	氟环唑	Epoxiconazole	姜	ginger	0.05*
150	茵草敌	EPTC(ethyl dipropylthiocarbamate)	姜	ginger	0.01*
151	乙丁烯氟灵	Ethalfluralin	姜	ginger	0.01*
152	甲基胺苯磺隆	Ethametsulfuron-methyl	姜	ginger	0.01*
153	乙烯利	Ethephon	姜	ginger	0.05*
154	乙硫磷	Ethion	姜	ginger	0.01*
155	乙菌定	Ethirimol	姜	ginger	0.05*
156	乙氧呋草黄	Ethofumesate	姜	ginger	0.03*
157	灭线磷	Ethoprophos	姜	ginger	0.02*
158	乙氧基喹	Ethoxyquin	姜	ginger	0.05*
159	乙氧磺隆	Ethoxysulfuron	姜	ginger	0.01*
160	环氧乙烷	Ethylene oxide	姜	ginger	0.02*
161	醚菊酯	Etofenprox	姜	ginger	0.01*
162	乙螨唑	Etoxazole	姜	ginger	0.01*
163	土菌灵	Etridiazole	姜	ginger	0.05*
164	噁唑菌酮	Famoxadone	姜	ginger	0.01*
165	克线磷	Fenamiphos	姜	ginger	0.02*
166	氯苯嘧啶醇	Fenarimol	姜	ginger	0.02*
167	喹螨醚	Fenazaquin	姜	ginger	0.01*
168	腈苯唑	Fenbuconazole	姜	ginger	0.05*
169	苯丁锡	Fenbutatin oxide	姜	ginger	0.01*
170	皮蝇磷	Fenchlorphos	姜	ginger	0.01*
171	环酰菌胺	Fenhexamid	姜	ginger	0.01*

续表 2-3

序号	农药中文名称	农药英文名称	欧盟		
			食品中文名称	食品英文名称	最大残留限量/(mg/kg)
172	杀螟硫磷	Fenitrothion	姜	ginger	0.01*
173	苯氧威	Fenoxycarb	姜	ginger	0.05*
174	Fenpicoxamid	Fenpicoxamid	姜	ginger	0.01*
175	甲氰菊酯	Fenpropathrin	姜	ginger	0.01*
176	苯锈啶(S)	Fenpropidin(S)	姜	ginger	0.01*
177	丁苯吗啉(异构体之和)	Fenpropimorph (sum of isomers)	姜	ginger	0.04
178	胺苯吡菌酮	Fenpyrazamine	姜	ginger	0.01*
179	唑螨酯	Fenpyroximate(R)	姜	ginger	0.01*
180	倍硫磷	Fenthion	姜	ginger	0.01*
181	三苯锡	Fentin	姜	ginger	0.02*
182	氰戊菊酯	Fenvalerate	姜	ginger	0.02*
183	氟虫腈	Fipronil	姜	ginger	0.005*
184	嘧啶磺隆	Flazasulfuron	姜	ginger	0.01*
185	氟啶虫酰胺	Flonicamid	姜	ginger	0.03*
186	双氟磺草胺	Florasulam	姜	ginger	0.01*
187	氟啶胺	Fluazinam	姜	ginger	0.01*
188	氟虫酰胺	Flubendiamide	姜	ginger	0.01*
189	氟环脲	Flucycloxuron	姜	ginger	0.01*
190	氟氰戊菊酯	Flucythrinate	姜	ginger	0.01*
191	氟噻草胺	Flufenacet	姜	ginger	0.05*
192	氟虫脲	Flufenoxuron	姜	ginger	0.05*
193	氟螨嗪	Flufenzin	姜	ginger	0.02*
194	氟甲喹	Flumequine	姜	ginger	0.01
195	氟节胺	Flumetralin	姜	ginger	0.01*
196	丙炔氟草胺	Flumioxazine	姜	ginger	0.02*
197	伏草隆	Fluometuron	姜	ginger	0.01*
198	乙羧氟草醚	Fluoroglycofene	姜	ginger	0.01*
199	氟嘧菌酯	Fluoxastrobin	姜	ginger	0.01*

续表 2-3

序号	农药中文名称	农药英文名称	欧盟		
			食品中文名称	食品英文名称	最大残留限量/(mg/kg)
200	拜耳新杀虫剂	Flupyradifurone	姜	ginger	0.01*
201	氟啶嘧磺隆	Flupyrsulfuron-methyl	姜	ginger	0.02*
202	氟喹唑	Fluquinconazole	姜	ginger	0.05*
203	氟草烟	Fluroxypyr	姜	ginger	0.01*
204	调嘧醇	Flurprimidole	姜	ginger	0.01*
205	呋草酮	Flurtamone	姜	ginger	0.01*
206	氟硅唑	Flusilazole	姜	ginger	0.01*
207	氟酰胺	Flutolanil	姜	ginger	0.01*
208	粉唑醇	Flutriafol	姜	ginger	0.01*
209	灭菌丹	Folpet	姜	ginger	0.03*
210	氟磺胺草醚	Fomesafen	姜	ginger	0.01*
211	甲酰胺磺隆	Foramsulfuron	姜	ginger	0.01*
212	氯吡脲	Forchlorfenuron	姜	ginger	0.01*
213	伐虫脒	Formetanate	姜	ginger	0.01*
214	安果	Formothion	姜	ginger	0.01*
215	噻唑磷	Fosthiazate	姜	ginger	0.02*
216	麦穗宁	Fuberidazole	姜	ginger	0.01*
217	双胍辛胺	Guazatine	姜	ginger	0.05*
218	氟氯吡啶酯	Halauxifen-methyl	姜	ginger	0.02*
219	氯吡嘧磺隆	Halosulfuron methyl	姜	ginger	0.01*
220	吡氟氯禾灵	Haloxyfop	姜	ginger	0.01*
221	七氯	Heptachlor	姜	ginger	0.01*
222	六氯苯	Hexachlorobenzene	姜	ginger	0.01*
223	六氯环己烷(HCH),α-异构体	Hexachlorocyclohexane (HCH),alpha-isomer	姜	ginger	0.01*
224	六氯环己烷(HCH),β-异构体	Hexachlorocyclohexane (HCH),beta-isomer	姜	ginger	0.01*
225	已唑醇	Hexaconazole	姜	ginger	0.01*
226	氢氰酸	Hydrogen cyanide	姜	ginger	0.01

续表 2-3

序号	农药中文名称	农药英文名称	欧盟		
			食品中文名称	食品英文名称	最大残留限量/(mg/kg)
227	恶霉灵	Hymexazol	姜	ginger	0.05*
228	抑霉唑	Imazalil	姜	ginger	0.05*
229	甲氧咪草烟	Imazamox	姜	ginger	0.05*
230	甲咪唑烟酸	Imazapic	姜	ginger	0.01*
231	灭草烟	Imazapyr	姜	ginger	0.01
232	灭草喹	Imazaquin	姜	ginger	0.05*
233	咪唑磺隆	Imazosulfuron	姜	ginger	0.01*
234	茚虫威	Indoxacarb	姜	ginger	0.02*
235	碘甲磺隆	Iodosulfuron-methyl	姜	ginger	0.01*
236	碘苯腈	Ioxynil	姜	ginger	0.01*
237	种菌唑	Ipconazole	姜	ginger	0.01*
238	异菌脲	Iprodione	姜	ginger	0.01*
239	丙森锌	Iprovalicarb	姜	ginger	0.01*
240	异丙噻菌胺	Isofetamid	姜	ginger	0.01*
241	稻瘟灵	Isoprothiolane	姜	ginger	0.01*
242	异丙隆	Isoproturon	姜	ginger	0.01*
243	异恶草胺	Isoxaben	姜	ginger	0.05
244	异恶唑草酮	Isoxaflutole	姜	ginger	0.02*
245	乳氟草灵	Lactofen	姜	ginger	0.01*
246	林丹	Lindane (Gamma-isomer of hexachlorocyclohexane (HCH))	姜	ginger	0.01*
247	氯芬奴隆(组成异构体的任意比例)	Lufenuron (any ratio of constituent isomers)	姜	ginger	0.01*
248	马拉硫磷	Malathion	姜	ginger	0.02*
249	甲氧基丙烯酸酯类杀菌剂	Mandestrobin	姜	ginger	0.01*
250	二甲四氯和二甲四氯丁酸	MCPA and MCPB	姜	ginger	0.05*

续表 2-3

序号	农药中文名称	农药英文名称	欧盟		
			食品中文名称	食品英文名称	最大残留限量/(mg/kg)
251	灭蚜磷	Mecarbam	姜	ginger	0.01*
252	二甲四氯丙酸	Mecoprop	姜	ginger	0.05*
253	Mefentrifluconazole	Mefentrifluconazole	姜	ginger	0.01*
254	嘧菌胺	Mepanipyrim	姜	ginger	0.01*
255	壮棉素	Mepiquat	姜	ginger	0.02*
256	灭锈胺	Mepronil	姜	ginger	0.01*
257	消螨普	Meptyldinocap	姜	ginger	0.05*
258	汞化合物	Mercury compounds	姜	ginger	0.01*
259	甲基二磺隆	Mesosulfuron-methyl	姜	ginger	0.01*
260	硝磺草酮	Mesotrione	姜	ginger	0.01*
261	氰氟虫腙	Metaflumizone	姜	ginger	0.05*
262	叶菌唑	Metconazole	姜	ginger	0.02*
263	噻唑隆	Methabenzthiazuron	姜	ginger	0.01*
264	虫螨畏	Methacrifos	姜	ginger	0.01*
265	甲胺磷	Methamidophos	姜	ginger	0.01*
266	杀扑磷	Methidathion	姜	ginger	0.02*
267	灭多威	Methomyl	姜	ginger	0.01*
268	烯虫酯	Methoprene	姜	ginger	0.02*
269	甲氧滴滴涕	Methoxychlor	姜	ginger	0.01*
270	甲氧虫酰肼	Methoxyfenozide	姜	ginger	0.01*
271	异丙甲草胺和精异丙甲草胺	Metolachlor and S－metolachlor	姜	ginger	0.05*
272	磺草唑胺	Metosulam	姜	ginger	0.01*
273	苯菌酮	Metrafenone	姜	ginger	0.01*
274	甲磺隆	Metsulfuron-methyl	姜	ginger	0.01*
275	速灭磷	Mevinphos	姜	ginger	0.01*
276	灭螨菌素	Milbemectin	姜	ginger	0.02*
277	草达灭	Molinate	姜	ginger	0.01*
278	久效磷	Monocrotophos	姜	ginger	0.01*

续表 2-3

序号	农药中文名称	农药英文名称	欧盟		
			食品中文名称	食品英文名称	最大残留限量/(mg/kg)
279	绿谷隆	Monolinuron	姜	ginger	0.01*
280	灭草隆	Monuron	姜	ginger	0.01*
281	敌草胺	Napropamide	姜	ginger	0.05*
282	烟嘧磺隆	Nicosulfuron	姜	ginger	0.01*
283	尼古丁	Nicotine	姜	ginger	0.01
284	除草醚	Nitrofen	姜	ginger	0.01*
285	双苯氟脲	Novaluron	姜	ginger	0.01*
286	氧化乐果	Omethoate	姜	ginger	0.02(+)
287	磺酰脲	Orthosulfamuron	姜	ginger	0.01*
288	黄草消	Oryzalin	姜	ginger	0.01*
289	丙炔噁草酮	Oxadiargyl	姜	ginger	0.01*
290	恶草酮	Oxadiazon	姜	ginger	0.05*
291	杀线威	Oxamyl	姜	ginger	0.01*
292	环氧嘧磺隆	Oxasulfuron	姜	ginger	0.01*
293	氟噻唑吡乙酮	Oxathiapiprolin	姜	ginger	0.01*
294	氧化萎锈灵	Oxycarboxin	姜	ginger	0.01*
295	亚砜磷	Oxydemeton-methyl	姜	ginger	0.01*
296	乙氧氟草醚	Oxyfluorfen	姜	ginger	0.05*
297	多效唑	Paclobutrazol	姜	ginger	0.01*
298	石蜡油	Paraffin oil	姜	ginger	0.01*
299	百草枯	Paraquat	姜	ginger	0.02*
300	对硫磷	Parathion	姜	ginger	0.05*
301	甲基对硫磷	Parathion-methyl	姜	ginger	0.01*
302	戊菌唑	Penconazole	姜	ginger	0.01*
303	戊菌隆	Pencycuron	姜	ginger	0.05*
304	氯菊酯及其异构体	Permethrin (sum of isomers)	姜	ginger	0.05*
305	乙酰胺	Pethoxamid	姜	ginger	0.01*
306	石油	Petroleum oils	姜	ginger	0.01*

续表 2-3

序号	农药中文名称	农药英文名称	欧盟		
			食品中文名称	食品英文名称	最大残留限量/(mg/kg)
307	甜菜宁	Phenmedipham	姜	ginger	0.01*
308	苯醚菊酯	Phenothrin (phenothrin including other mixtures of constituent isomers (sum of isomers))	姜	ginger	0.02*
309	稻丰散	Phenthoate	姜	ginger	0.01
310	甲拌磷	Phorate	姜	ginger	0.01*
311	伏杀硫磷	Phosalone	姜	ginger	0.01*
312	亚胺硫磷	Phosmet	姜	ginger	0.05*
313	磷胺	Phosphamidon	姜	ginger	0.01*
314	磷酸盐和磷化盐	Phosphane and phosphide salts	姜	ginger	0.01*
315	辛硫磷	Phoxim	姜	ginger	0.01*
316	毒莠定	Picloram	姜	ginger	0.01*
317	氟吡酰草胺	Picolinafen	姜	ginger	0.01*
318	啶氧菌酯	Picoxystrobin	姜	ginger	0.01*
319	唑啉草酯	Pinoxaden	姜	ginger	0.02*
320	抗蚜威	Pirimicarb	姜	ginger	0.05
321	甲基嘧啶磷	Pirimiphos-methyl	姜	ginger	0.01*
322	咪酰胺	Prochloraz	姜	ginger	0.05*
323	腐霉利	Procymidone	姜	ginger	0.01*
324	丙溴磷	Profenofos	姜	ginger	0.01*
325	环苯草酮	Profoxydim	姜	ginger	0.05*
326	调环酸	Prohexadione	姜	ginger	0.01*
327	毒草安	Propachlor	姜	ginger	0.02*
328	霜霉威	Propamocarb	姜	ginger	0.01*
329	敌稗	Propanil	姜	ginger	0.01*
330	喔草酯	Propaquizafop	姜	ginger	0.05*
331	炔螨特	Propargite	姜	ginger	0.01*

续表 2-3

序号	农药中文名称	农药英文名称	欧盟		
			食品中文名称	食品英文名称	最大残留限量/(mg/kg)
332	苯胺灵	Propham	姜	ginger	0.01*
333	丙环唑	Propiconazole(sum of i-somers)	姜	ginger	0.01*
334	甲基代森锌	Propineb	姜	ginger	0.05*
335	异丙草胺	Propisochlor	姜	ginger	0.01*
336	残杀威	Propoxur	姜	ginger	0.05*
337	丙苯磺隆	Propoxycarbazone	姜	ginger	0.02*
338	炔苯酰草胺	Propyzamide	姜	ginger	0.01*
339	丙氧喹啉	Proquinazid	姜	ginger	0.02*
340	氟磺隆	Prosulfuron	姜	ginger	0.01*
341	吡嗪酮	Pymetrozine	姜	ginger	0.02*
342	吡草醚	Pyraflufen-ethyl(Sum of pyraflufen-ethyl and pyraf lufen, expressed as pyraf lufen-ethyl)	姜	ginger	0.02*
343	磺酰草吡唑	Pyrasulfotole	姜	ginger	0.01*
344	吡菌磷	Pyrazophos	姜	ginger	0.01*
345	哒螨灵	Pyridaben	姜	ginger	0.01*
346	啶虫丙醚	Pyridalyl	姜	ginger	0.01*
347	哒草特	Pyridate	姜	ginger	0.05*
348	嘧霉胺	Pyrimethanil	姜	ginger	0.01*
349	甲氧苯唳菌	Pyriofenone	姜	ginger	0.01
350	吡丙醚	Pyriproxyfen	姜	ginger	0.05*
351	甲氧磺草胺	Pyroxsulam	姜	ginger	0.01*
352	喹硫磷	Quinalphos	姜	ginger	0.01*
353	二氯喹啉酸	Quinclorac	姜	ginger	0.01*
354	灭藻醌	Quinoclamine	姜	ginger	0.01*
355	喹氧灵	Quinoxyfen	姜	ginger	0.02*
356	五氯硝基苯	Quintozene	姜	ginger	0.02*
357	苄呋菊酯	Resmethrin (resmethrin including other mixtures of consituent isomers(sum of isomers))	姜	ginger	0.01*

续表 2-3

序号	农药中文名称	农药英文名称	欧盟		
			食品中文名称	食品英文名称	最大残留限量/(mg/kg)
358	砜嘧磺隆	Rimsulfuron	姜	ginger	0.01*
359	鱼藤酮	Rotenone	姜	ginger	0.01*
360	苯嘧磺草胺	Saflufenacil	姜	ginger	0.03*
361	环苯吡菌胺	Sedaxane	姜	ginger	0.01
362	硅噻菌胺	Silthiofam	姜	ginger	0.01*
363	西玛津	Simazine	姜	ginger	0.01*
364	乙基多杀菌素	Spinetoram(XDE-175)	姜	ginger	0.05*
365	多杀菌素	Spinosad(spinosad, sum of spinosyn A and spinosyn D)	姜	ginger	0.02*
366	螺螨酯	Spirodiclofen	姜	ginger	0.02*
367	螺环菌胺(异构体之和)	Spiroxamine(sum of isomers)	姜	ginger	0.01*
368	链霉素	Streptomycin	姜	ginger	0.01
369	磺草酮	Sulcotrione	姜	ginger	0.01*
370	磺酰磺隆	Sulfosulfuron	姜	ginger	0.01*
371	氟啶虫胺腈(异构体总和)	Sulfoxaflor(sum of isomers)	姜	ginger	0.03
372	硫酰氟	Sulfuryl fluoride	姜	ginger	0.01*
373	5-硝基愈创木酚钠,邻硝基酚钠与对-硝基苯酚钠之和,以5-硝基愈创木酚钠表示	Sum of sodium 5-nitroguaiacolate, sodium o-nitrophenolate and sodium p-nitrophenolate, expressed as sodium 5-nitroguaiacolate	姜	ginger	0.03*
374	氟胺氰菊酯	Tau-Fluvalinate	姜	ginger	0.01*
375	抑虫肼	Tebufenozide	姜	ginger	0.05*
376	吡螨胺	Tebufenpyrad	姜	ginger	0.01*
377	四氯硝基苯	Tecnazene	姜	ginger	0.01*
378	七氟菊酯	Tefluthrin	姜	ginger	0.05
379	环磺酮	Tembotrione	姜	ginger	0.02*
380	特普	TEPP	姜	ginger	0.01*

续表 2-3

序号	农药中文名称	农药英文名称	欧盟		
			食品中文名称	食品英文名称	最大残留限量/(mg/kg)
381	特丁硫磷	Terbufos	姜	ginger	0.01*
382	草净津	Terbuthylazine	姜	ginger	0.05*
383	四氯杀螨砜	Tetradifon	姜	ginger	0.01*
384	噻苯咪唑	Thiabendazole	姜	ginger	0.01*
385	噻虫啉	Thiacloprid	姜	ginger	0.05
386	噻虫嗪	Thiamethoxam	姜	ginger	0.01*
387	噻吩磺隆	Thifensulfuron-methyl	姜	ginger	0.01*
388	杀草丹(4-氯苄基甲基砜)	Thiobencarb (4-chlorobenzyl methyl sulfone)	姜	ginger	0.01*
389	硫双威	Thiodicarb	姜	ginger	0.01*
390	甲基立枯磷	Tolclofos-methyl	姜	ginger	0.01*
391	甲苯氟磺胺	Tolylfluanid	姜	ginger	0.02*
392	苯吡唑草酮	Topramezone(BAS 670H)	姜	ginger	0.01*
393	三甲苯草酮	Tralkoxydim(sum of the constituent isomers of tralkoxydim)	姜	ginger	0.01*
394	三唑酮	Triadimefon	姜	ginger	0.01*
395	三唑醇(组成同分异构体的任意比例)	Triadimenol(any ratio of constituent isomers)	姜	ginger	0.01*
396	醚苯磺隆	Triasulfuron	姜	ginger	0.05*
397	三唑磷	Triazophos	姜	ginger	0.01*
398	苯磺隆	Tribenuron-methyl	姜	ginger	0.01*
399	敌百虫	Trichlorfon	姜	ginger	0.01*
400	三环唑	Tricyclazole	姜	ginger	0.01*
401	十三吗啉	Tridemorph	姜	ginger	0.01*
402	三氟苯嘧啶	Triflumezopyrim	姜	ginger	0.01
403	氟乐灵	Trifluralin	姜	ginger	0.01*
404	氟胺磺隆(6-(2,2,2-三氟乙氧基)-1,3,5-三嗪-2,4-二胺(IN-M7222))	Triflusulfuron(6-(2,2,2-trifluoroethoxy)-1,3,5-triazine-2,4-diamine (IN-M7222)	姜	ginger	0.01*
405	嗪氨灵	Triforine	姜	ginger	0.01*

续表 2-3

序号	农药中文名称	农药英文名称	欧盟		
			食品中文名称	食品英文名称	最大残留限量/(mg/kg)
406	三甲基硫阳离子	Trimethyl-sulfonium cation, resulting from the use of glyphosate	姜	Ginger	0.05*
407	抗倒酯	Trinexapac	姜	ginger	0.01*
408	灭菌唑	Triticonazole	姜	ginger	0.01*
409	三氟甲磺隆	Tritosulfuron	姜	ginger	0.01*
410	维芬乐特	Valifenalate	姜	ginger	0.01*
411	乙烯菌核利	Vinclozolin	姜	ginger	0.01*
412	杀鼠灵	Warfarin	姜	ginger	0.01*
413	苯酰菌胺	Zoxamide	姜	ginger	0.02*
414	毒死蜱	Chlorpyrifos	姜	ginger	0.01*
415	甲基毒死蜱	Chlorpyrifos-methyl	姜	ginger	0.01*
416	绿草定	Triclopyr	姜	ginger	0.01*
417	二苯胺	Diphenylamine	姜	ginger	0.05*
418	恶霜灵	Oxadixyl	姜	ginger	0.01*
419	五氟磺草胺	Penoxsulam	姜	ginger	0.01*
420	氟菌唑	Triflumizole	姜	ginger	0.02*
421	杀虫隆	Triflumuron	姜	ginger	0.01*
422	利谷隆	Linuron	姜	ginger	0.01*
423	Flutianil	Flutianil	姜	ginger	0.01*
424	克菌丹	Captan	姜	ginger	0.03*
425	醚菌酯	Kresoxim-methyl	姜	ginger	0.01*
426	高效氯氟氰菊酯(包括氯氟氰菊酯)(R,S 和 S,R 异构体之和)	Lambda-cyhalothrin (includes gamma-cyhalothrin) (sum of R, S and S, R isomers)	姜	ginger	0.04(+)
427	氟苯脲	Teflubenzuron	姜	ginger	0.01*
428	氯氨吡啶酸	Aminopyralid	姜	ginger	0.01*
429	双炔酰菌胺	Mandipropamid	姜	ginger	0.01*
430	螺甲螨酯	Spiromesifen	姜	ginger	0.02*
431	氟醚唑	Tetraconazole	姜	ginger	0.02*

注:“*”表示该限量为分析测定的下限,“(+)”表示该限量为临时限量。

表 2-4　美国关于生姜中低限量农药最大残留限量标准(≤0.05 mg/kg)

序号	农药中文名称	农药英文名称	美国		
			食品中文名称	食品英文名称	最大残留限量/(mg/kg)
1	克菌丹	Captan	第1组块根和块茎类蔬菜	Vegetable, root and tuber, group 1	0.05
2	氟乐灵	Trifluralin	第1组块根和块茎类蔬菜,胡萝卜除外	Vegetable, root and tuber, group 1, except carrot	0.05
3	敌草快	Diquat	第1组块根和块茎类蔬菜	Vegetable, root and tuber, group 1	0.02
4	异恶草酮	Clomazone	第1D亚组块茎和球茎类蔬菜(土豆除外)	Vegetable, tuberous and corm, except potato, subgroup 1D	0.05
5	氟磺胺草醚	Fomesafen	第1C亚组块茎和球茎类蔬菜	Vegetable, tuberous and corm, subgroup 1C	0.025
6	溴氰菊酯	Deltamethrin	第1C亚组块茎和球茎类蔬菜	Vegetable, tuberous and corm, Subgroup 1C	0.04
7	氟氯氰菊酯	Cyfluthrin	第1C亚组块茎和球茎类蔬菜	Vegetable, tuberous and corm, subgroup 1C	0.01
8	异构体β-氟氯氰菊酯	the isomer beta-cyfluthrin	第1C亚组块茎和球茎类蔬菜	Vegetable, tuberous and corm, subgroup 1C	0.01
9	高效氯氟氰菊酯和异构体高效氯氟氰菊酯	Lambda-cyhalothrin	第1C亚组块茎和球茎类蔬菜	Vegetable, tuberous and corm, subgroup 1C	0.02
10	联苯菊酯	Bifenthrin	第1C亚组块茎和球茎类蔬菜	Vegetable, tuberous and corm, subgroup 1C	0.05
11	腈菌唑	Myclobutanil	第1组块根和块茎类蔬菜	Vegetable, root and tuber, group 1	0.03
12	阿维菌素B1及其delta-8,9-异构体	Avermectin B1 and its delta-8,9-isomer	第1C亚组块茎和球茎类蔬菜	Vegetable, tuberous and corm, subgroup 1C	0.01

续表 2-4

序号	农药中文名称	农药英文名称	美国		
			食品中文名称	食品英文名称	最大残留限量/(mg/kg)
13	二甲噻草胺	Dimethenamid	第 1C 亚组块茎和球茎类蔬菜	Vegetable, tuberous and corm, subgroup 1C	0.01
14	氯吡嘧磺隆	Halosulfuron-methyl	第 1C 亚组块茎和球茎类蔬菜	Vegetable, tuberous and corm, subgroup 1C	0.05
15	抑虫肼	Tebufenozide	第 1D 亚组块茎和球茎类蔬菜(土豆除外)	Vegetable, tuberous and corm, except potato, subgroup 1D	0.015
16	嘧霉胺	Pyrimethanil	第 1C 亚组块茎和球茎类蔬菜	Vegetable, tuberous and corm, subgroup 1C	0.05
17	嘧菌环胺	Cyprodinil	第 1C 亚组块茎和球茎类蔬菜	Vegetable, tuberous and corm, subgroup 1C	0.01
18	甲氧虫酰肼	Methoxyfenozide	第 1D 亚组块茎和球茎类蔬菜(土豆除外)	Vegetable, tuberous and corm, except potato, subgroup 1D	0.02
19	肟菌酯	Trifloxystrobin	第 1C 亚组块茎和球茎类蔬菜	Vegetable, tuberous and corm, subgroup 1C	0.04
20	吡嗪酮	Pymetrozine	第 1C 亚组块茎和球茎类蔬菜	Vegetable, tuberous and corm, subgroup 1C	0.02
21	茚虫威	Indoxacarb	第 1C 亚组块茎和球茎类蔬菜	Vegetable, tuberous and corm, subgroup 1C	0.01
22	噻虫嗪	Thiamethoxam	第 1D 亚组块茎和球茎类蔬菜(土豆除外)	Vegetable, tuberous and corm, except potato, subgroup 1D	0.02
23	丙炔氟草胺	Flumioxazin	第 1C 亚组块茎和球茎类蔬菜	Vegetable, tuberous and corm, subgroup 1C	0.02
24	氟啶胺	Fluazinam	第 1C 亚组块茎和球茎类蔬菜	Vegetable, tuberous and corm, subgroup 1C	0.02

续表 2-4

序号	农药中文名称	农药英文名称	美国		
			食品中文名称	食品英文名称	最大残留限量/(mg/kg)
25	啶虫脒	Acetamiprid	第1C亚组块茎和球茎类蔬菜	Vegetable, tuberous and corm, subgroup 1C	0.01
26	咪唑菌酮	Fenamidone	第1C亚组块茎和球茎类蔬菜	Vegetable, tuberous and corm, subgroup 1C	0.02
27	吡唑醚菌酯	Pyraclostrobin	第1C亚组块茎和球茎类蔬菜	Vegetable, tuberous and corm, subgroup 1C	0.04
28	啶酰菌胺	Boscalid	第1C亚组块茎和球茎类蔬菜	Vegetable, tuberous and corm, subgroup 1C	0.05
29	双苯氟脲	Novaluron	第1C亚组块茎和球茎类蔬菜	Vegetable, tuberous and corm, subgroup 1C	0.05
30	氰霜唑	Cyazofamid	第1C亚组块茎和球茎类蔬菜	Vegetable, tuberous and corm, subgroup 1C	0.02
31	呋虫胺	Dinotefuran	第1C亚组块茎和球茎类蔬菜	Vegetable, tuberous and corm, subgroup 1C	0.05
32	螺甲螨酯	Spiromesifen	第1C亚组块茎和球茎类蔬菜	Vegetable, tuberous and corm, subgroup 1C	0.02
33	氟嘧菌酯	Fluoxastrobin	第1C亚组块茎和球茎类蔬菜	Vegetable, tuberous and corm, subgroup 1C	0.01
34	叶菌唑	Metconazole	第1C亚组块茎和球茎类蔬菜	Vegetable, tuberous and corm, subgroup 1C	0.04
35	噻唑菌胺	Ethaboxam	第1C亚组块茎和球茎类蔬菜	Vegetable, tuberous and corm, subgroup 1C	0.01
36	咪唑磺隆	Imazosulfuron	第1C亚组块茎和球茎类蔬菜	Vegetable, tuberous and corm, subgroup 1C	0.02
37	唑嘧菌胺	Ametoctradin	第1C亚组块茎和球茎类蔬菜	Vegetable, tuberous and corm, subgroup 1C	0.05

续表 2-4

序号	农药中文名称	农药英文名称	美国		
			食品中文名称	食品英文名称	最大残留限量/(mg/kg)
38	氟唑菌苯胺	Penflufen	第 1C 亚组块茎和球茎类蔬菜	Vegetable, tuberous and corm subgroup 1C	0.01
39	氟唑菌酰胺	Fluxapyroxad	第 1C 亚组块茎和球茎类蔬菜	Vegetable, tuberous and corm, subgroup 1C	0.02
40	氟啶虫胺腈	Sulfoxaflor	第 1 组块根和块茎类蔬菜	Vegetable, root and tuber, group 1	0.05
41	啶氧菌酯	Picoxystrobin	第 1C 亚组块茎和球茎类蔬菜	Vegetable, tuberous and corm, subgroup 1C	0.03
42	唑虫酰胺	Tolfenpyrad	第 1C 亚组块茎和球茎类蔬菜	Vegetable, tuberous and corm, subgroup 1C	0.01
43	氟吡呋喃酮	Flupyradifurone	第 1C 亚组块茎和球茎类蔬菜	Vegetable, tuberous and corm, subgroup 1C	0.05
44	氟噻唑吡乙酮	Oxathiapiprolin	第 1C 亚组块茎和球茎类蔬菜	Vegetable, tuberous and corm, subgroup 1C	0.04
45	苯并烯氟菌唑	Benzovindiflupyr	第 1C 亚组块茎和球茎类蔬菜	Vegetable, tuberous and corm, subgroup 1C	0.02
46	Pydiflumetofen	Pydiflumetofen	第 1C 亚组块茎和球茎类蔬菜	Vegetable, tuberous and corm subgroup 1C	0.015
47	双丙环虫酯	Afidopyropen	第 1C 亚组块茎和球茎类蔬菜	Vegetable, tuberous and corm, subgroup 1C	0.01
48	Pyrifluquinazon	Pyrifluquinazon	第 1C 亚组块茎和球茎类蔬菜	Vegetable, tuberous and corm, subgroup 1C	0.02
49	联苯吡菌胺	Bixafen	第 1C 亚组块茎和球茎类蔬菜	Vegetable, tuberous and corm, subgroup 1C	0.01

表 2-5　澳大利亚关于生姜中低限量农药最大残留限量标准(≤0.05 mg/kg)

序号	农药中文名称	农药英文名称	澳大利亚		
			食品中文名称	食品英文名称	最大残留限量/(mg/kg)
1	2,4-滴	2,4-D	除动物食品外的其他食品	All other foods except animal food commodities	0.05
2	阿灭丁(阿维菌素)	Abamectin	除动物食品外的其他食品	All other foods except animal food commodities	0.01
3	Afidopyropen	Afidopyropen	姜	Ginger, root	0.01*
4	顺式氯氰菊酯	Alpha-cypermethrin	其他食品	All other foods	0.01*
5	磷化铝	Aluminium phosphide	香料	Spices	0.01*
6	吲唑磺菌胺	Amisulbrom	除动物食品外的其他食品	All other foods except animal commodities	0.02
7	高效氟氯氰菊酯	Betacyfluthrin	除动物食品外的其他食品	All other foods except animal food commodities	0.05
8	联苯菊酯	Bifenthrin	姜	Ginger, root	0.01*T
9	联苯吡菌胺	Bixafen	其他食品	All other foods	0.03
10	噻嗪酮	Buprofezin	除动物食品外的其他食品	All other foods except animal food commodities	0.05
11	氯虫苯甲酰胺	Chlorantraniliprole	其他食品	All other foods	0.01*
12	溴虫腈	Chlorfenapyr	香料	Spices	0.05
13	毒死蜱	Chlorpyrifos	姜	Ginger, root	0.02*
14	四螨嗪	Clofentezine	除动物食品外的其他食品	All other foods except animal food commodities	0.02
15	噻虫胺	Clothianidin	香料	Spices	0.05
16	氰虫酰胺	Cyantraniliprole	其他食品	All other foods	0.05
17	氰霜唑	Cyazofamid	除动物食品外的其他食品	All other foods except animal food commodities	0.02
18	氟氯氰菊酯	Cyfluthrin	除动物食品外的其他食品	All other foods except animal food commodities	0.05

续表 2-5

序号	农药中文名称	农药英文名称	澳大利亚		
			食品中文名称	食品英文名称	最大残留限量/(mg/kg)
19	氯氰菊酯	Cypermethrin	其他食品	All other foods	0.01*
20	环唑醇	Cyproconazole	除动物食品外的其他食品	All other foods except animal food commodities	0.01
21	嘧菌环胺	Cyprodinil	除动物食品外的其他食品	All other foods except animal food commodities	0.05
22	灭蝇胺	Cyromazine	除动物食品外的其他食品	All other foods except animal food commodities	0.05
23	溴氰菊酯	Deltamethrin	除动物食品外的其他食品	All other foods except animal food commodities	0.05
24	丁醚脲	Diafenthiuron	除动物食品外的其他食品	All other foods except animal commodities	0.01
25	麦草畏	Dicamba	除动物食品外的其他食品	All other foods except animal food commodities	0.05
26	苯醚甲环唑	Difenoconazole	除动物食品外的其他食品	All other foods except animal food commodities	0.02
27	吡氟草胺	Diflufenican	除动物食品外的其他食品	All other foods except animal food commodities	0.01
28	烯酰吗啉	Dimethomorph	香料	Spices	0.05
29	呋虫胺	Dinotefuran	除动物食品外的其他食品	All other foods except animal commodities	0.02
30	甲氨基阿维菌素	Emamectin	除动物食品外的其他食品	All other foods except animal food commodities	0.005
31	茵多酸	Endothal	除动物食品外的其他食品	All other foods except animal food commodities	0.01

续表 2-5

序号	农药中文名称	农药英文名称	澳大利亚		
			食品中文名称	食品英文名称	最大残留限量/(mg/kg)
32	抑霉唑（碱）	Enilconazole	除动物食品外的其他食品	All other foods except animal food commodities	0.05
33	S-氰戊菊酯	Esfenvalerate	除动物食品外的其他食品	All other foods except animal food commodities	0.05
34	乙螨唑	Etoxazole	除动物食品外的其他食品	All other foods except animal food commodities	0.05
35	氯苯嘧啶醇	Fenarimol	除动物食品外的其他食品	All other foods except animal food commodities	0.05
36	腈苯唑	Fenbuconazole	除动物食品外的其他食品	All other foods except animal food commodities	0.02
37	胺苯吡菌酮	Fenpyrazamine	除动物食品外的其他食品	All other foods except animal food commodities	0.02
38	氰戊菊酯	Fenvalerate	除动物食品外的其他食品	All other foods except animal food commodities	0.05
39	氟虫腈	Fipronil	姜	Ginger, root	0.01*
40	精吡氟禾草灵	Fluazifop-p-butyl	姜	Ginger, root	0.05
41	氟虫酰胺	Flubendiamide	香料	Spices	0.02
42	咯菌腈	Fludioxonil	除动物食品外的其他食品	All other foods except animal food commodities	0.02
43	丙炔氟草胺	Flumioxazin	除动物食品外的其他食品	All other foods except animal food commodities	0.02
44	氟吡菌胺	Fluopicolide	其他食品	All other foods	0.01
45	氟草烟	Fluroxypyr	除动物食品外的其他食品	All other foods except animal food commodities	0.02

续表 2-5

序号	农药中文名称	农药英文名称	澳大利亚		
			食品中文名称	食品英文名称	最大残留限量/(mg/kg)
46	氟胺氰菊酯	Fluvalinate	除动物食品外的其他食品	All other foods except animal food commodities	0.02
47	噻螨酮	Hexythiazox	除动物食品外的其他食品	All other foods except animal food commodities	0.05
48	磷化氢	Hydrogen phosphide	香料	Spices	0.01 *
49	抑霉唑	Imazalil	除动物食品外的其他食品	All other foods except animal food commodities	0.05
50	甲氧咪草烟	Imazamox	除动物食品外的其他食品	All other foods except animal food commodities	0.05
51	茚虫威	Indoxacarb	除动物食品外的其他食品	All other foods except animal food commodities	0.05
52	利谷隆	Linuron	除动物食品外的其他食品	All other foods except animal food commodities	0.05
53	磷化镁	Magnesium phosphide	香料	Spices	0.01 *
54	马拉硫磷	Malathion/Maldison	除动物食品外的其他食品	All other foods except animal food commodities	0.05
55	杀扑磷	Methidathion	除动物食品外的其他食品	All other foods except animal food commodities	0.02
56	甲氧虫酰肼	Methoxyfenozide	除动物食品外的其他食品	All other foods except animal food commodities	0.03
57	溴甲烷	Methyl bromide	香料	Spices	0.05 *

续表 2-5

序号	农药中文名称	农药英文名称	澳大利亚		
			食品中文名称	食品英文名称	最大残留限量/(mg/kg)
58	异丙甲草胺	Metolachlor	除动物食品外的其他食品	All other foods except animal food commodities	0.02
59	苯菌酮	Metrafenone	除动物食品外的其他食品	All other foods except animal food commodities	0.05
60	嗪草酮	Metribuzin	姜	Ginger, root	0.05* T
61	腈菌唑	Myclobutanil	除动物食品外的其他食品	All other foods except animal food commodities	0.05
62	氟草敏/达草灭	Norflurazon	除动物食品外的其他食品	All other foods except animal food commodities	0.05
63	氨磺乐灵/氨磺灵	Oryzalin	姜	Ginger, root	0.05* T
64	氟噻唑吡乙酮	Oxathiapiprolin	除动物食品外的其他食品	All other foods except animal food commodities	0.02
65	多效唑	Paclobutrazol	除动物食品外的其他食品	All other foods except animal food commodities	0.01
66	二甲戊灵	Pendimethalin	除动物食品外的其他食品	All other foods except animal food commodities	0.02
67	吡噻菌胺	Penthiopyrad	除动物食品外的其他食品	All other foods except animal food commodities	0.05
68	氯菊酯	Permethrin	除动物食品外的其他食品	All other foods except animal food commodities	0.05
69	磷化氢	Phosphine	香料	Spices	0.01*
70	抗蚜威	Pirimicarb	香料	Spices	0.05*

续表 2-5

序号	农药中文名称	农药英文名称	澳大利亚		
			食品中文名称	食品英文名称	最大残留限量/(mg/kg)
71	丙溴磷	Profenofos	除动物食品外的其他食品	All other foods except animal food commodities	0.02
72	炔苯酰草胺	Propyzamide	除动物食品外的其他食品	All other foods except animal food commodities	0.02
73	丙硫菌唑	Prothioconazole	除动物食品外的其他食品	All other foods except animal food commodities	0.02
74	Pydiflumetofen	Pydiflumetofen	除动物食品外的其他食品	All other foods except animal food commodities	0.05 T
75	吡蚜酮	Pymetrozine	除动物食品外的其他食品	All other foods except animal food commodities	0.02
76	甲氧苯唳菌	Pyriofenone	其他食品	All other foods	0.05
77	喹氧灵	Quinoxyfen	除动物食品外的其他食品	All other foods except animal food commodities	0.02
78	苯嘧磺草胺	Saflufenacil	除动物食品外的其他食品	All other foods except animal food commodities	0.03
79	环苯吡菌胺	Sedaxane	除动物食品外的其他食品	All other foods except animal food commodities	0.01
80	西玛津	Simazine	姜	Ginger, root	0.05* T
81	乙基多杀菌素	Spinetoram	姜	Ginger, root	T0.02
82	多杀菌素	Spinosad	除动物食品外的其他食品	All other foods except animal food commodities	0.01
83	螺环菌胺	Spiroxamine	除动物食品外的其他食品	All other foods except animal food commodities	0.05

续表 2-5

序号	农药中文名称	农药英文名称	澳大利亚		
			食品中文名称	食品英文名称	最大残留限量/(mg/kg)
84	氟啶虫胺腈	Sulfoxaflor	除动物食品外的其他食品	All other foods except animal food commodities	0.01
85	氟醚唑	Tetraconazole	除动物食品外的其他食品	All other foods except animal food commodities	0.02
86	噻苯咪唑	Thiabendazole	除动物食品外的其他食品	All other foods except animal food commodities	0.03
87	噻虫嗪	Thiamethoxam	除动物食品外的其他食品	All other foods except animal food commodities	0.02
88	三唑酮	Triadimefon	除动物食品外的其他食品	All other foods except animal food commodities	0.05
89	三唑醇	Triadimenol	除动物食品外的其他食品	All other foods except animal food commodities	0.05
90	肟菌酯	Trifloxystrobin	除动物食品外的其他食品	All other foods except animal food commodities	0.05
91	氟乐灵	Trifluralin	除动物食品外的其他食品	All other foods except animal food commodities	0.01
92	ζ-氯氰菊酯	Zeta-cypermethrin/Zetacypermethrin	其他食品	All other foods	0.01*
93	Mandestrobin	Mandestrobin	除动物食品外的其他食品	All other foods except animal food commodities	0.05
94	乙嘧酚磺酸酯	Bupirimate	除动物食品外的其他食品	All other foods except animal food commodities	0.02

续表 2-5

序号	农药中文名称	农药英文名称	澳大利亚		
			食品中文名称	食品英文名称	最大残留限量/(mg/kg)
95	甲萘威	Carbaryl	除动物食品外的其他食品	All other foods except animal food commodities	0.02
96	氟啶胺	Fluazinam	除动物食品外的其他食品	Al other foods except animal food commodities	0.01
97	甜菜宁	Phenmedipham	除动物食品外的其他食品	All other foods except animal food commodities	0.02
98	亚胺硫磷	Phosmet	除动物食品外的其他食品	All other foods except animal food commodities	0.05
99	喹禾灵	Quizalofop-ethyl	除动物食品外的其他食品	All other foods except animal food commodities	0.01
100	喹禾糠酯	Quizalofop-p-tefuryl	除动物食品外的其他食品	All other foods except animal food commodities	0.01
101	抑虫肼	Tebufenozide	除动物食品外的其他食品	All other foods except animal food commodities	0.05
102	吡螨胺	Tebufenpyrad	除动物食品外的其他食品	All other foods except animal food commodities	0.02
103	敌百虫	Trichlorfon	除动物食品外的其他食品	All other foods except animal food commodities	0.05

注:“ * ”表示该最大残留限量为检测限值;“T”表示该限量为临时限量。

表 2-6 新西兰关于生姜中低限量农药最大残留限量标准(≤0.05 mg/kg)

序号	农药中文名称	农药英文名称	新西兰		
			食品中文名称	食品英文名称	最大残留限量/(mg/kg)
1	乙酰甲胺磷	Acephate	其他食品	Any other food	0.01
2	溴鼠灵	Brodifacoum	所有食品	Any food	0.001
3	溴敌隆	Bromadiolone	所有食品	Any food	0.001
4	卡巴氧	Carbadox	其他食品,不包括猪肝脏和猪肉	Any other food, other than pig liver and pig meat	0.001
5	氯霉素	Chloramphenicol	所有食品	Any food	0.000 3
6	二嗪农	Diazinon	其他水果、蔬菜、坚果	Any other fruit, vegetable, or nut	0.01
7	1,3-二氯丙烯	1,3-Dichloropropene	蔬菜	Vegetables	0.01
8	敌敌畏	Dichlorvos	其他水果、蔬菜、坚果(树坚果除外)	Any other fruit, vegetable, or nut (except tree nuts)	0.01
9	敌草快	Diquat	蔬菜(菜豆、洋葱和豌豆除外)	Vegetables (except beans, onions and peas)	0.05
10	苯线磷	Fenamiphos	其他食品	Any other food	0.01
11	氟鼠酮	Flocoumafen	所有食品	Any food	0.001
12	甲胺磷	Methamidophos	其他食品	Any other food	0.01
13	1-甲基环丙烯	1-Methylcyclopropene	蔬菜	Vegetables	0.01
14	百草枯	Paraquat	蔬菜	Vegetables	0.05
15	磷化氢	Phosphine	所有食品,不包括谷物和仁果类水果	Any food (except cereal grains and pome fruits)	0.01
16	杀鼠酮	Pindone	所有食品	Any food	0.001
17	扑草胺	Propachlor	蔬菜	Vegetables	0.05
18	醋酸氟一钠	Sodium mono-fluroacetate	所有食品	Any food	0.001
19	氟啶虫胺腈	Sulfoxaflor	根和块茎类蔬菜	Root and Tuber vegetables	0.05
20	杀鼠灵	Warfarin	所有食品	Any food	0.001

表 2-7　日本关于生姜中低限量农药最大残留限量标准(≤0.05 mg/kg)

序号	农药中文名称	农药英文名称	日本		
			食品中文名称	食品英文名称	最大残留限量/(mg/kg)
1	烯啶虫胺	Nitenpyram	生姜	Ginger	—
2	异噁唑硫磷	Isoxathion	生姜	Ginger	—
3	苯醚甲环唑	Difenoconazole	生姜	Ginger	0.05
4	阿维菌素	Abamectin	生姜	Ginger	0.01
5	唑嘧菌胺	Ametoctradin	生姜	Ginger	0.05
6	莠去津	Atrazine	生姜	Ginger	0.02
7	苯霜灵	Benalaxyl	生姜	Ginger	0.05
8	灭草松	Bentazone	生姜	Ginger	0.05
9	氟氯菊酯	Bifenthrin	生姜	Ginger	0.05
10	双丙酰胺磷	Bilanafos (bialaphos)	生姜	Ginger	0.01
11	双苯三唑醇(联苯三唑醇)	Bitertanol	生姜	Ginger	0.05
12	啶酰菌胺	Boscalid	生姜	Ginger	0.05
13	溴鼠隆	Brodifacoum	生姜	Ginger	0.001
14	克菌丹	Captan	生姜	Ginger	0.03
15	氯虫苯甲酰胺	Chlorantraniliprole	生姜	Ginger	0.05
16	氯丹	Chlordane	生姜	Ginger	0.01
17	虫螨腈	Chlorfenapyr	生姜	Ginger	0.05
18	氟啶脲	Chlorfluazuron	生姜	Ginger	—
19	矮壮素	Chlormequat	生姜	Ginger	—
20	百菌清	Chlorothalonil	生姜	Ginger	0.05
21	毒死蜱	Chlorpyrifos	生姜	Ginger	0.01
22	甲基毒死蜱	Chlorpyrifos-methyl	生姜	Ginger	0.03
23	环虫酰肼	Chromafenozide	生姜	Ginger	0.05
24	烯草酮	Clethodim	生姜	Ginger	—
25	炔草酯	Clodinafop-propargyl	生姜	Ginger	0.02
26	异噁草酮	Clomazone	生姜	Ginger	0.05
27	噻虫胺	Clothianidin	生姜	Ginger	0.02
28	4-氯苯氧乙酸(对氯苯氧乙酸)	4-CPA	生姜	Ginger	0.02
29	氰草津	Cyanazine	生姜	Ginger	—

续表 2-7

序号	农药中文名称	农药英文名称	日本		
			食品中文名称	食品英文名称	最大残留限量/(mg/kg)
30	杀螟腈	Cyanophos	生姜	Ginger	0.05
31	噻草酮	Cycloxydim	生姜	Ginger	0.05
32	氟氯氰菊酯	Cyfluthrin	生姜	Ginger	0.02
33	氯氰菊酯	Cypermethrin	生姜	Ginger	0.03
34	2,4-滴	2,4-D	生姜	Ginger	0.05
35	丁醚脲	Diafenthiuron	生姜	Ginger	0.02
36	1,3-二氯丙烯	1,3-dichloropropene	生姜	Ginger	0.01
37	哒菌清	Diclomezine	生姜	Ginger	0.02
38	三氯杀螨醇	Dicofol	生姜	Ginger	0.02
39	野燕枯	Difenzoquat	生姜	Ginger	0.05
40	氟吡草腙	Diflufenzopyr	生姜	Ginger	0.05
41	链霉素和双氢链霉素	Dihydrostreptomycin and streptomycin	生姜	Ginger	0.05
42	噻节因	Dimethipin	生姜	Ginger	0.04
43	二苯胺	Diphenylamine	生姜	Ginger	0.05
44	敌草快	Diquat	生姜	Ginger	0.05
45	敌草隆	Diuron	生姜	Ginger	0.05
46	异狄氏剂	Endrin	生姜	Ginger	0.01
47	乙烯利	Ethephon	生姜	Ginger	0.05
48	二溴化乙烯	Ethylene dibromide (EDB)	生姜	Ginger	0.01
49	二氯乙烷	Ethylene dichloride	生姜	Ginger	0.01
50	咪唑菌酮	Fenamidone	生姜	Ginger	0.02
51	苯线磷	Fenamiphos	生姜	Ginger	0.04
52	苯丁锡	Fenbutatin oxide	生姜	Ginger	0.05
53	苯氧威	Fenoxycarb	生姜	Ginger	0.05
54	丁苯吗啉	Fenpropimorph	生姜	Ginger	0.05
55	三苯基氢氧化锡	Fentin	生姜	Ginger	0.05
56	氟虫腈	Fipronil	生姜	Ginger	0.01

续表 2-7

序号	农药中文名称	农药英文名称	日本		
			食品中文名称	食品英文名称	最大残留限量/(mg/kg)
57	啶嘧磺隆	Flazasulfuron	生姜	Ginger	0.02
58	氟虫酰胺;氟苯虫酰胺	Flubendiamide	生姜	Ginger	0.05
59	咯菌腈	Fludioxonil	生姜	Ginger	0.02
60	丙炔氟草胺	Flumioxazin	生姜	Ginger	0.02
61	伏草隆	Fluometuron	生姜	Ginger	0.02
62	氟吡菌胺	Fluopicolide	生姜	Ginger	0.02
63	氟吡呋喃酮	Flupyradifurone	生姜	Ginger	0.05
64	氯氟吡氧乙酸	Fluroxypyr	生姜	Ginger	0.05
65	氟唑菌酰胺	Fluxapyroxad	生姜	Ginger	0.02
66	赤霉素	Gibberellin	生姜	Ginger	–
67	六氯苯	Hexachlorobenzene	生姜	Ginger	0.01
68	磷化氢	Hydrogen phosphide	生姜	Ginger	0.01
69	抑霉唑	Imazalil	生姜	Ginger	0.02
70	咪唑喹啉酸	Imazaquin	生姜	Ginger	0.05
71	咪唑乙烟酸铵	Imazethapyr ammonium	生姜	Ginger	0.05
72	双胍辛胺	Iminoctadine	生姜	Ginger	0.05
73	茚虫威	Indoxacarb	生姜	Ginger	0.05
74	林丹	Lindane	生姜	Ginger	0.01
75	双炔酰菌胺	Mandipropamid	生姜	Ginger	0.01
76	羟菌唑	Metconazole	生姜	Ginger	0.04
77	甲硫威	Methiocarb	生姜	Ginger	0.05
78	甲氧滴滴涕	Methoxychlor	生姜	Ginger	0.01
79	碘甲烷	Methyl iodide	生姜	Ginger	0.05
80	久效磷	Monocrotophos	生姜	Ginger	0.05
81	双苯氟脲(氟酰脲)	Novaluron	生姜	Ginger	0.05
82	喹啉铜	Oxine-copper	生姜	Ginger	0.05

续表 2-7

序号	农药中文名称	农药英文名称	日本		
			食品中文名称	食品英文名称	最大残留限量/(mg/kg)
83	亚砜吸磷(亚砜磷)	Oxydemeton-methyl	生姜	Ginger	0.02
84	百草枯	Paraquat	生姜	Ginger	0.05
85	对硫磷	Parathion	生姜	Ginger	0.05
86	戊菌唑	Penconazole	生姜	Ginger	0.05
87	二甲戊灵	Pendimethalin	生姜	Ginger	0.05
88	甲拌磷	Phorate	生姜	Ginger	0.05
89	辛硫磷	Phoxim	生姜	Ginger	0.02
90	杀鼠酮	Pindone	生姜	Ginger	0.001
91	咪鲜胺	Prochloraz	生姜	Ginger	0.05
92	腐霉利	Procymidone	生姜	Ginger	—
93	吡蚜酮	Pymetrozine	生姜	Ginger	0.02
94	吡唑醚菌酯	Pyraclostrobin	生姜	Ginger	0.04
95	苄草唑	Pyrazolynate	生姜	Ginger	0.02
96	嘧霉胺	Pyrimethanil	生姜	Ginger	0.05
97	喹恶磷	Quinalphos	生姜	Ginger	0.05
98	五氯硝基苯	Quintozene	生姜	Ginger	0.02
99	多杀霉素	Spinosad	生姜	Ginger	0.02
100	螺甲螨酯	Spiromesifen	生姜	Ginger	0.02
101	磺酰唑草酮	Sulfentrazone	生姜	Ginger	0.05
102	抑虫肼(虫酰肼)	Tebufenozide	生姜	Ginger	0.05
103	四氯硝基苯	Tecnazene	生姜	Ginger	0.05
104	氟苯脲	Teflubenzuron	生姜	Ginger	0.05
105	特丁硫磷	Terbufos	生姜	Ginger	0.005
106	绿草定	Triclopyr	生姜	Ginger	0.03
107	三环唑(5-甲基-1,2,4-三唑并(3,4-b)苯并噻唑)	Tricyclazole	生姜	Ginger	—
108	十三吗啉	Tridemorph	生姜	Ginger	0.05

续表 2-7

序号	农药中文名称	农药英文名称	日本		
			食品中文名称	食品英文名称	最大残留限量/(mg/kg)
109	杀铃脲	Triflumuron	生姜	Ginger	0.02
110	氟乐灵	Trifluralin	生姜	Ginger	0.05
111	井冈霉素	Validamycin	生姜	Ginger	0.05
112	杀鼠灵	Warfarin	生姜	Ginger	0.001
113	四溴菊酯和溴氰菊酯	Deltamethrin and tralome thrin	生姜	Ginger	0.02
114	乙酰甲胺磷	Acephate	生姜	Ginger	0.05
115	地散磷	Bensulide	生姜	Ginger	—
116	仲丁胺	Sec-butylamine	生姜	Ginger	—
117	茅草枯	2,2-DPA	生姜	Ginger	—
118	呋喃硫威	Furathiocarb	生姜	Ginger	—
119	苯醚菊酯	Phenothrin	生姜	Ginger	—
120	磷胺	Phosphamidon	生姜	Ginger	—
121	特丁赛草隆(特丁隆)	Tebuthiuron	生姜	Ginger	—
122	杀虫畏	Tetrachlorvinphos	生姜	Ginger	—
123	2,4-滴丙酸	Dichlorprop	生姜	Ginger	—
124	二氯异丙醚	DCIP	生姜	Ginger	—

表 2-8　韩国关于生姜中低限量农药最大残留限量标准(≤0.05 mg/kg)

序号	农药中文名称	农药英文名称	韩国		
			食品中文名称	食品英文名称	最大残留限量/(mg/kg)
1	草铵膦	Glufosinate (ammonium)	生姜	Ginger	0.05
2	溴氰菊酯	Deltamethrin	生姜	Ginger	0.05T
3	敌草快	Diquat	蔬菜类	Vegetables	0.05T
4	苯醚甲环唑	Difenoconazole	生姜	Ginger	0.05T
5	腈菌唑	Myclobutanil	根菜类	Root and tuber vegetables	0.03T

续表 2-8

序号	农药中文名称	农药英文名称	韩国		
			食品中文名称	食品英文名称	最大残留限量(mg/kg)
6	异丙甲草胺	Metolachlor	生姜	Ginger	0.05T
7	苯霜灵	Benalaxyl	生姜	Ginger	0.05
8	苯菌灵	Benomyl	生姜	Ginger	0.05
9	六六六	BHC	蔬菜类	Vegetables	0.01T
10	氟氯菊酯	Bifenthrin	生姜	Ginger	0.05
11	甲草胺	Alachlor	生姜	Ginger	0.05T
12	磷化铝	Aluminium phosphide (Hydrogen phosphide)	脱水蔬菜类	Dried vegetables	0.01
13	磷化铝	Aluminium phosphide (Hydrogen phosphide)	根菜类	Root and tuber vegetables	0.05
14	乙丁烯氟灵	Ethalfluralin	生姜	Ginger	0.05
15	醚菊酯	Etofenprox	生姜	Ginger	0.05T
16	灭线磷	Ethoprophos(Ethoprop)	生姜	Ginger	0.02T
17	乙氧氟草醚	Oxyfluorfen	生姜	Ginger	0.05T
18	吡虫啉	Imidacloprid	生姜	Ginger	0.05T
19	异菌脲	Iprodione	生姜	Ginger	0.05T
20	甲基硫菌灵	Thiophanate-methyl	生姜	Ginger	0.05
21	硫线磷	Cadusafos	生姜	Ginger	0.05T
22	甲萘威	Carbaryl:NAC	生姜	Ginger	0.05T
23	多菌灵	Carbendazim	生姜	Ginger	0.05
24	三硫磷	Carbophenothion	蔬菜类	Vegetables	0.02T
25	乙酯杀螨醇	Chlorobenzilate	蔬菜类	Vegetables	0.02T
26	百菌清	Chlorothalonil	生姜	Ginger	0.05
27	氯丹	Chlordane	蔬菜类	Vegetables	0.02T
28	毒虫畏	Chlorfenvinphos	蔬菜类	Vegetables	0.05T
29	氯苯胺灵	Chlorpropham	生姜	Ginger	0.05T
30	毒死蜱	Chlorpyrifos	生姜	Ginger	0.05T
31	戊唑醇	Tebuconazole	生姜	Ginger	0.05T
32	特丁硫磷	Terbufos	生姜	Ginger	0.05
33	氟乐灵	Trifluralin	生姜	Ginger	0.05T
34	百草枯	Paraquat	蔬菜类	Vegetables	0.05T
35	杀螟硫磷	Fenitrothion	生姜	Ginger	0.03T
36	二甲戊灵	Pendimethalin	生姜	Ginger	0.05
37	甲拌磷	Phorate	生姜	Ginger	0.05
38	腐霉利	Procymidone	根菜类	Root and tuber vegetables	0.05T

续表 2-8

序号	农药中文名称	农药英文名称	韩国		
			食品中文名称	食品英文名称	最大残留限量(mg/kg)
39	霜霉威	Propamocarb	生姜	Ginger	0.05
40	丙环唑	Propiconazole	生姜	Ginger	0.05T
41	己唑醇	Hexaconazole	生姜	Ginger	0.05T
42	吡螨胺	Tebufenpyrad	生姜	Ginger	0.05T
43	喹螨醚	Fenazaquin	生姜	Ginger	0.05T
44	啶虫脒	Acetamiprid	生姜	Ginger	0.05T
45	戊菌隆	Pencycuron	生姜	Ginger	0.05T
46	虱螨脲	Lufenuron	生姜	Ginger	0.05T
47	甲氨基阿维菌素苯甲酸盐	Emamectin benzoate	生姜	Ginger	0.05T
48	茚虫威	Indoxacarb	生姜	Ginger	0.05
49	噻呋酰胺	Thifluzamide	生姜	Ginger	0.05T
50	氟酰胺	Flutolanil	生姜	Ginger	0.05T
51	呋虫胺	Dinotefuran	生姜	Ginger	0.05T
52	啶酰菌胺	Boscalid	生姜	Ginger	0.05T
53	噻虫胺	Clothianidin	生姜	Ginger	0.05T
54	丁基嘧啶磷	Tebupirimfos	生姜	Ginger	0.05T
55	吡唑醚菌酯	Pyraclostrobin	生姜	Ginger	0.05T
56	甲氧虫酰肼	Methoxyfenozide	生姜	Ginger	0.05T
57	缬霉威	Iprovalicarb	根菜类	Root and tuber vegetables	0.03T
58	七氟菊酯	Tefluthrin	生姜	Ginger	0.05
59	四聚乙醛	Metaldehyde	生姜	Ginger	0.05T
60	双炔酰菌胺	Mandipropamid	生姜	Ginger	0.05T
61	苯噻菌胺	Benthiavalicarb-isopropyl	生姜	Ginger	0.05
62	氯虫苯甲酰胺	Chlorantraniliprole	生姜	Ginger	0.05T
63	氰氟虫腙	Metaflumizone	生姜	Ginger	0.05T
64	乙基多杀菌素	Spinetoram	生姜	Ginger	0.05
65	唑嘧菌胺	Ametoctradin	生姜	Ginger	0.05
66	氟吡菌酰胺	Fluopyram	根菜类	Root and tuber vegetables	0.05T
67	氟啶虫胺腈	Sulfoxaflor	生姜	Ginger	0.05T
68	溴氰虫酰胺	Cyantraniliprole	生姜	Ginger	0.05T
69	氟唑菌酰胺	Fluxapyroxad	根菜类	Root and tuber vegetables	0.02T

注:"T"表示该限量为临时限量。

表 2-9　中国香港关于生姜中低限量农药最大残留限量标准(≤0.05 mg/kg)

序号	农药中文名称	农药英文名称	中国香港		
			食品中文名称	食品英文名称	最大残留限量/(mg/kg)
1	阿维菌素	Abamectin	根菜类和薯芋类蔬菜,除根芹菜	Root and tuber vegetables, except celeriac	0.01
2	啶虫脒	Acetamiprid	根菜类和薯芋类蔬菜	Root and tuber vegetables	0.01
3	联苯菊酯	Bifenthrin	根菜类和薯芋类蔬菜	Root and tuber vegetables	0.05
4	克菌丹	Captan	根菜类和薯芋类蔬菜	Root and tuber vegetables	0.05
5	氯虫苯甲酰胺	Chlorantraniliprole	根菜类和薯芋类蔬菜	Root and tuber vegetables	0.02
6	氯丹	Chlordane	根菜类和薯芋类蔬菜	Root and tuber vegetables	0.02
7	氯氟氰菊酯	Cyhalothrin	根菜类和薯芋类蔬菜	Root and tuber vegetables	0.01
8	氯氰菊酯	Cypermethrin	根菜类和薯芋类蔬菜,除糖用甜菜	Root and tuber vegetables, except sugar beet	0.01
9	滴滴涕	DDT	根菜类和薯芋类蔬菜,除胡萝卜	Root and tuber vegetables, except carrot	0.05
10	敌草快	Diquat	根菜类和薯芋类蔬菜,除马铃薯	Root and tuber vegetables, except potato	0.05
11	硫丹	Endosulfan	根菜类和薯芋类蔬菜	Root and tuber vegetables	0.05
12	倍硫磷	Fenthion	根菜类和薯芋类蔬菜	Root and tuber vegetables	0.05

续表 2-9

序号	农药中文名称	农药英文名称	中国香港		
			食品中文名称	食品英文名称	最大残留限量/(mg/kg)
13	氰戊菊酯	Fenvalerate	根菜类和薯芋类蔬菜	Root and tuber Vegetables	0.05
14	氟氰戊菊酯	Flucythrinate	根菜类和薯芋类蔬菜	Root and tuber vegetables	0.05
15	咯菌腈	Fludioxonil	根菜类和薯芋类蔬菜,除胡萝卜、甘薯和山药	Root and tuber vegetables, except carrot, sweet potato and yams	0.02
16	七氯	Heptachlor	根菜类和薯芋类蔬菜	Root and tuber vegetables	0.02
17	六六六(HCH)	Hexachlorocyclohexane (HCH)	根菜类和薯芋类蔬菜	Root and tuber vegetables	0.05
18	磷化氢	Hydrogen phosphide	根菜类和薯芋类蔬菜	Root and tuber vegetables	0.05
19	甲基异柳磷	Isofenphos methyl	根菜类和薯芋类蔬菜,除糖用甜菜和甘薯	Root and tuber vegetables, except sugar beet and sweet potato	0.02
20	甲胺磷	Methamidophos	根菜类和薯芋类蔬菜	Root and tuber vegetables	0.05
21	辛硫磷	Phoxim	根菜类和薯芋类蔬菜	Root and tuber vegetables	0.05
22	抗蚜威	Pirimicarb	根菜类和薯芋类蔬菜	Root and tuber vegetables	0.05
23	除虫菊素	Pyrethrins	根菜类和薯芋类蔬菜	Root and tuber vegetables	0.05

表 2-10　中国台湾关于生姜中低限量农药最大残留限量标准(≤0.05 mg/kg)

序号	农药中文名称	农药英文名称	中国台湾		
			食品中文名称	食品英文名称	最大残留限量/(mg/kg)
1	达灭芬	Dimethomorph	姜	Ginger	0.05
2	氟芬隆	Flufenoxuron	姜	Ginger	0.05
3	氟比来	Fluopicolide	姜	Ginger	0.02
4	诺伐隆	Novaluron	姜	Ginger	0.01
5	克凡派	Chlorfenapyr	姜	Ginger	0.05
6	阿巴汀	Abamectin	根茎菜类	Root, bulb and tuber vegetables	0.01
7	毕芬宁	Bifenthrin	根茎菜类	Root, bulb and tuber vegetables	0.05
8	克安勃	Chlorantraniliprole	其他根茎菜类(胡萝卜除外)	Other root, bulb and tuber vegetables (except carrot)	0.02
9	赛洛宁	Cyhalothrin	其他根茎菜类(山药、牛蒡、甘薯、芋头、豆薯、洋葱、胡萝卜、百合鳞茎、红葱头、马铃薯、黑皮波罗门参、蒜头、树薯、荞头及芦笋除外)	Other root, bulb and tuber vegetables (except yam, burdock, sweet potato, taro, yam bean, onion, carrot, lilii bulbus, shallot bulb, potato, black salsify, garlic, cassava, scallion bulb and asparagus)	0.01
10	赛灭宁	Cypermethrin	其他根茎菜类(豆薯、狗尾草根、洋葱、甜菜根、阔叶大豆根、芦笋除外)	Other root, bulb and tuber vegetables (except yam bean, hairy uraria, onion, beetroot, woolly glycine, asparagus)	0.01
11	第灭宁	Deltamethrin	其他根茎菜类(牛蒡、竹笋、洋葱、胡萝卜、黑皮波罗参、萝卜除外)	Other root, bulb and tuber vegetables (except burdock, bamboo shoot, onion, carrot, black salsify, radish)	0.01

续表 2-10

序号	农药中文名称	农药英文名称	中国台湾		
			食品中文名称	食品英文名称	最大残留限量/(mg/kg)
12	扑灭松	Fenitrothion	根茎菜类	Root, bulb and tuber vegetables	0.05
13	巴拉刈	Paraquat	其他根茎菜类(芦笋除外)	Other root, bulb and tuber vegetables (except asparagus)	0.05
14	福瑞松	Phorate	根茎菜类	Root, bulb and tuber vegetables	0.05
15	布飞松	Profenophos	根茎菜类	Root, bulb and tuber vegetables	0.05
16	除虫菊精	Pyrethrins	根茎菜类	Root, bulb and tuber vegetables	0.05
17	拜裕松	Quinalphos	根茎菜类	Root, bulb and tuber vegetables	0.03
18	速杀氟	Sulfoxaflor	其他根茎菜类(蒜头、洋葱、胡萝卜除外)	Other root, bulb and tuber vegetables (except garlic ,onion, carrot)	0.03

2.1.1.2　生姜种植常用农药残留限量分析

部分国家、地区和组织关于生姜中常用农药的最大残留限量见表 2-11。

2.1.2　各国家、地区和组织农药残留限量标准分析

2.1.2.1　中国大陆

1. 中国大陆生姜农药残留限量标准情况

中国大陆生姜的农药残留限量标准主要来源于《食品安全国家标准食品中农药最大残留限量》(GB 2763—2016),其中适用于生姜的农药残留限量标准共计 54 项。中国大陆关于生姜农药残留限量标准见表 2-12。

表 2-11　部分国家、地区和组织关于生姜中常用农药残留限量

单位：mg/kg)

农药中文名称	农药英文名称	中国大陆	CAC	欧盟	美国	澳大利亚	日本	韩国	中国香港	中国台湾
阿维菌素	Abamectin	未规定	未规定	0.01*	未规定	0.01	0.01	未规定	0.01	0.01
噻唑膦	Fosthiazate	未规定	未规定	0.02*	未规定	未规定	未规定	未规定	未规定	未规定
辛硫磷	Phoxim	0.05	未规定	0.01*	未规定	未规定	0.02	未规定	0.05	未规定
高效氯氰菊酯	Beta-cypermethrin	0.01（氯氰菊酯和高效氯氰菊酯）	0.01（氯氰菊酯(包括α-和 zeta-氯氰菊酯)）	0.05*（氯氰菊酯）	未规定	未规定	0.05（氯氰菊酯）	5.0T（氯氰菊酯）	未规定	未规定
高效氯氟氰菊酯	Lambda-cyhalothrin	0.01（氯氟氰菊酯和高效氯氟氰菊酯）	0.01［氯氟氰菊酯（包括高效氯氟氰菊酯）］	0.04［高效氯氟氰菊酯(包括氯氟氰菊酯)(R,S 和 S,R 异构体之和)］	0.02	未规定	0.02（氟氯氰菊酯）	2.0T（氟氯氰菊酯，针对蔬菜类）	未规定	未规定
氯虫苯甲酰胺	Chlorantraniliprole	0.02*	0.02	0.06	0.30	0.01*	0.05	0.05T	0.02	0.02
甲氨基阿维菌素苯甲酸盐	Emamectin benzoate	未规定	未规定	0.01*	未规定	未规定	0.1	0.05T	未规定	未规定
茚虫威	Indoxacarb	未规定	未规定	0.02*	0.01	0.05	0.05	0.05	未规定	未规定
虫螨腈	Chlorfenapyr	未规定	未规定	0.01*	未规定	0.05	0.05	0.1T	未规定	0.05
吡虫啉	Imidacloprid	未规定	0.5	0.5	0.40	0.3T	0.3	0.05T	0.5	0.5
百菌清	Chlorothalonil	未规定	0.3	0.3	未规定	未规定	0.05	0.05	0.5	0.5

续表 2-11

农药中文名称	农药英文名称	中国大陆	CAC	欧盟	美国	澳大利亚	日本	韩国	中国香港	中国台湾
苯醚甲环唑	Difenoconazole	未规定	未规定	0.4	4.0	0.02	0.05	0.05T	未规定	未规定
嘧菌酯	Azoxystrobin	未规定	1	1	8.0	0.1*	0.5	0.1T	1	0.1
硫酸铜	Copper Sulfate	未规定	未规定	5（铜化合物）	豁免（五水硫酸铜）	未规定	未规定	未规定	未规定	未规定
代森锰锌	Mancozeb	未规定	未规定	0.05*（甲基代森锰锌）	未规定	3T	未规定	未规定	未规定	未规定
喹啉铜	Oxine-copper	未规定	未规定	未规定	未规定	未规定	0.05	未规定	未规定	未规定
甲基硫菌灵	Thiophanate-methyl	未规定	未规定	0.1*	未规定	未规定	3（以多菌灵计，多菌灵、苯菌灵、硫菌灵及甲基硫菌灵之和）	0.05	未规定	未规定
多菌灵	Carbendazim	未规定	未规定	0.1*（苯菌灵和苯菌灵；残留物为苯菌灵与多菌灵之和，以多菌灵表示）	未规定	0.1*	3（以多菌灵计，多菌灵、苯菌灵、硫菌灵及甲基硫菌灵之和）	0.05	未规定	0.2

注：中国大陆：“＊”表示该限量为临时限量。

欧盟：“＊”表示该限量为分析测定的下限。

澳大利亚：“＊”表示该限量为分析测定的下限；“T”表示该最大残留限量为临时最大残留限量。

表 2-12 中国大陆关于生姜的农药最大残留限量标准

序号	农药中文名称	农药英文名称	ADI/(mg/kg · bw)	食品中文名称	最大残留限量/(mg/kg)
1	萘乙酸和萘乙酸钠	1-naphthylacetic acid and sodium 1-naphthalacitic acid	0.15	姜	0.05
2	乙酰甲胺磷	Acephate	0.03	根茎类和薯芋类蔬菜	1
3	涕灭威	Aldicarb	0.003	根茎类和薯芋类蔬菜(甘薯、马铃薯、木薯、山药除外)	0.03
4	艾氏剂	Aldrin	0.000 1	根茎类和薯芋类蔬菜	0.05(R)
5	联苯菊酯	Bifenthrin	0.01	根茎类和薯芋类蔬菜	0.05
6	硫线磷	Cadusafos	0.000 5	根茎类和薯芋类蔬菜	0.02
7	毒杀芬	Camphechlor	0.000 25	根茎类和薯芋类蔬菜	0.05*
8	甲萘威	Carbaryl	0.008	根茎类和薯芋类蔬菜	1
9	克百威	Carbofuran	0.001	根茎类和薯芋类蔬菜(马铃薯除外)	0.02
10	氯虫苯甲酰胺	Chlorantraniliprole	2	根茎类和薯芋类蔬菜	0.02*
11	氯丹	Chlordane	0.000 5	根茎类和薯芋类蔬菜	0.02(R)
12	杀虫脒	Chlordimeform	0.001	根茎类和薯芋类蔬菜	0.01
13	氯化苦	Chloropicrin	0.001	姜	0.05*
14	蝇毒磷	Coumaphos	0.000 3	根茎类和薯芋类蔬菜	0.05
15	氯氟氰菊酯和高效氯氟氰菊酯	Cyhalothrinand lambda-cyhalothrin	0.02	根茎类和薯芋类蔬菜	0.01
16	氯氰菊酯和高效氯氰菊酯	Cypermethrinand beta-cypermethrin	0.02	根茎类和薯芋类蔬菜	0.01
17	滴滴涕	DDT	0.01	根茎类和薯芋类蔬菜(胡萝卜除外)	0.05(R)
18	内吸磷	Demeton	0.000 04	根茎类和薯芋类蔬菜	0.02
19	敌敌畏	Dichlorvos	0.004	根茎类和薯芋类蔬菜(萝卜除外)	0.2
20	狄氏剂	Dieldrin	0.000 1	根茎类和薯芋类蔬菜	0.05(R)
21	异狄氏剂	Endrin	0.000 2	根茎类和薯芋类蔬菜	0.05(R)
22	灭线磷	Ethoprophos	0.000 4	根茎类和薯芋类蔬菜	0.02
23	苯线磷	Fenamiphos	0.000 8	根茎类和薯芋类蔬菜	0.02
24	杀螟硫磷	Fenitrothion	0.006	根茎类和薯芋类蔬菜	0.5*
25	倍硫磷	Fenthion	0.007	根茎类和薯芋类蔬菜	0.05
26	氟虫腈	Fipronil	0.000 2	根茎类和薯芋类蔬菜	0.02
27	地虫硫磷	Fonofos	0.002	根茎类和薯芋类蔬菜	0.01
28	六六六	HCH	0.005	根茎类和薯芋类蔬菜	0.05

续表 2-12

序号	农药中文名称	农药英文名称	ADI/(mg/kg · bw)	食品中文名称	最大残留限量/(mg/kg)
29	七氯	Heptachlor	0.000 1	根茎类和薯芋类蔬菜	0.02
30	氯唑磷	Isazofos	0.000 05	根茎类和薯芋类蔬菜	0.01
31	水胺硫磷	Isocarbophos	0.003	根茎类和薯芋类蔬菜	0.05
32	甲基异柳磷	Isofenphos-methyl	0.003	根茎类和薯芋类蔬菜(甘薯除外)	0.01*
33	甲胺磷	Methamidophos	0.004	根茎类和薯芋类蔬菜(萝卜除外)	0.05
34	杀扑磷	Methidathion	0.001	根茎类和薯芋类蔬菜	0.05
35	灭多威	Methomyl	0.02	根茎类和薯芋类蔬菜	0.2
36	灭蚁灵	Mirex	0.000 2	根茎类和薯芋类蔬菜	0.01(R)
37	久效磷	Monocrotophos	0.000 6	根茎类和薯芋类蔬菜	0.03
38	氧乐果	Omethoate	0.000 3	根茎类和薯芋类蔬菜	0.02
39	百草枯	Paraquat	0.005	根茎类和薯芋类蔬菜	0.05*
40	对硫磷	Parathion	0.004	根茎类和薯芋类蔬菜	0.01
41	甲基对硫磷	Parathion-methyl	0.003	根茎类和薯芋类蔬菜	0.02
42	氯菊酯	Permethrin	0.05	根茎类和薯芋类蔬菜(萝卜、胡萝卜、马铃薯除外)	1
43	甲拌磷	Phorate	0.000 7	根茎类和薯芋类蔬菜	0.01
44	硫环磷	Phosfolan	0.005	根茎类和薯芋类蔬菜	0.03
45	甲基硫环磷	Phosfolan-methyl	—	根茎类和薯芋类蔬菜	0.03*
46	磷胺	Phosphamidon	0.000 5	根茎类和薯芋类蔬菜	0.05
47	辛硫磷	Phoxim	0.004	根茎类和薯芋类蔬菜	0.05
48	增效醚	Piperonyl butoxide	0.2	根茎类和薯芋类蔬菜	0.5
49	抗蚜威	Pirimicarb	0.02	根茎类和薯芋类蔬菜	0.05
50	炔苯酰草胺	Propyzamide	0.02	姜	0.2
51	治螟磷	Sulfotep	0.001	根茎类和薯芋类蔬菜	0.01
52	特丁硫磷	Terbufos	0.000 6	根茎类和薯芋类蔬菜	0.01
53	敌百虫	Trichlorfon	0.002	根茎类和薯芋类蔬菜(萝卜除外)	0.2
54	保棉磷	Azinphos-methyl	0.03	蔬菜(花椰菜、番茄、甜椒、黄瓜、马铃薯除外)	0.5

注:“ * ”表示该限量为临时限量;“(R)”表示该限量为再残留限量。

为了解中国大陆生姜农药残留限量标准的宽严情况,按照标准的宽严程度对中国大陆生姜的农药残留限量标准进行了分类。中国大陆生姜农药残留限量标准在 0.01 mg/kg 及以下的共计 11 项,占限量总数的 20.4%;限量标准在 0.01~0.1 mg/kg 的有 33 项,占限量总数的61.1%;限量标准在 0.1~1 mg/kg 的有 10 项,占限量总数的 18.5%。详细数据见表 2-13。

表 2-13　中国大陆生姜农药残留限量标准分类

序号	农药残留限量范围	数量	比例/%
1	0.01 mg/kg	11	20.4
2	0.01~0.1 mg/kg(包括 0.1 mg/kg)	33	61.1
3	0.1~1 mg/kg(包括 1 mg/kg)	10	18.5
4	>1 mg/kg	0	0

2. 中国大陆禁限用农药情况

《中华人民共和国食品安全法》第四十九条规定:禁止将剧毒、高毒农药用于蔬菜、瓜果、茶叶和中草药材等国家规定的农作物;第一百二十三条规定:违法使用剧毒、高毒农药的,除依照有关法律、法规规定给予处罚外,可以由公安机关依照第一款规定给予拘留。中国大陆禁限用农药主要通过农业部公告公布,目前禁限用农药的汇总清单见表 2-14 和表 2-15。

表 2-14　禁止生产销售和使用的农药名单(46 种)

禁用农药	公告
六六六、滴滴涕、毒杀芬、二溴氯丙烷、杀虫脒、二溴乙烷、除草醚、艾氏剂、狄氏剂、汞制剂、砷、铅类、敌枯双、氟乙酰胺、甘氟、毒鼠强、氟乙酸钠、毒鼠硅(18 种)	农业部第 199 号公告
含甲胺磷、对硫磷、甲基对硫磷、久效磷和磷胺等 5 种高毒有机磷农药及其混配制剂	农业部第 274 号公告 农业部第 322 号公告
苯线磷、地虫硫磷、甲基硫环磷、磷化钙、磷化镁、磷化锌、硫线磷、蝇毒磷、治螟磷、特丁硫磷等 10 种农药及其混配制剂	农业部第 1586 号公告
氯磺隆、胺苯磺隆单剂、甲磺隆单剂、福美胂和福美甲胂、胺苯磺隆复配制剂产品、甲磺隆复配制剂产品	农业部第 2032 号公告
含氟虫腈成分的农药制剂(除卫生用、玉米等部分旱田种子包衣剂外)	农业部第 1157 号公告
三氯杀螨醇(2018 年 10 月 1 日起)	农业部第 2445 号公告
规定包装形式 a 之外磷化铝产品(2018 年 10 月 1 日起)	农业部第 2445 号公告
硫丹(自 2019 年 3 月 26 日起)、溴甲烷(自 2019 年 1 月 1 日起)	农业部第 2552 号公告
含氟虫胺成分的农药(2020 年 1 月 1 日起)	农业农村部第 148 号公告

注:a 规定包装形式:磷化铝农药产品应当采用内外双层包装。外包装应具有良好密闭性,防水防潮防气体外泄。内包装应具有通透性,便于直接熏蒸使用。内、外包装均应标注高毒标识及"人畜居住场所禁止使用"等注意事项。

表2-15 限制使用的农药名单

限制使用范围	限用农药	公告
蔬菜(含菌类)	甲拌磷、甲基异柳磷、内吸磷、克百威、涕灭威、灭线磷、硫环磷、氯唑磷	农业部第194号公告 农业部第199号公告
	毒死蜱和三唑磷	农业部第2032号公告
	乙酰甲胺磷、丁硫克百威、乐果(以上3种包括单剂、复配制剂,自2019年8月1日起)	农业部公告第2552号

第三十四条 农药使用者应当严格按照农药的标签标注的使用范围、使用方法和剂量、使用技术要求和注意事项使用农药,不得扩大使用范围、加大用药剂量或者改变使用方法。

农药使用者不得使用禁用的农药。

标签标注安全间隔期的农药,在农产品收获前应当按照安全间隔期的要求停止使用。

剧毒、高毒农药不得用于防治卫生害虫,不得用于蔬菜、瓜果、茶叶、菌类、中草药材的生产,不得用于水生植物的病虫害防治。

3.中国大陆农药豁免清单

按照《食品安全国家标准食品中农药最大残留量》(GB 2763—2016)标准附录B,豁免制定食品中最大残留限量标准的农药名单,豁免农药共33种,以生物农药为主。详细豁免农药清单见表2-16。

表2-16 GB 2763—2016中豁免农药清单

序号	农药中文名称	农药英文名称
1	氨基寡糖素	Oligochitosac charins
2	葡聚烯糖	Glucosan
3	几丁聚糖	Chitosan
4	香菇多糖	Fungous proteoglycan
5	S-诱抗素	(+)-abscisic acid
6	超敏蛋白	Harpin protein
7	聚半乳糖醛酸酶	Polygalacturonase
8	诱蝇羧酯	Trimedlure
9	三十烷醇	Triacontanol
10	苜蓿银纹夜蛾核型多角体病毒	Autographa californica nuclear polyhedrosis virus(AcNPV)
11	棉铃虫核型多角体病毒	Helicoverpa armigera nuclear polyhedrosis virus(HaNPV)
12	斜纹夜蛾核型多角体病毒	Spodoptera litura nuclear polyhedrosis virus(SlNPV)
13	小菜蛾颗粒体病毒	Plutella xylostella granulosis virus(PxGV)
14	粘虫颗粒体病毒	Pseudaletia unipuncta granulosis virus(PuGV)
15	甜菜夜蛾核型多角体病毒	Spodoptera exigua nuclear polyhedrosis virus(SeNPV)
16	松毛虫质型多角体病毒	Dendrolimus punctatus cytoplasmic polyhedrosis virus(DpCPV)
17	茶尺蠖核型多角体病毒	Ectropis oblique nuclear polyhedrosis virus(EoNPV)

续表 2-16

序号	农药中文名称	农药英文名称
18	菜青虫颗粒体病毒	Pieris rapae granulosis virus(PrGV)
19	寡雄腐霉菌	Pythium oligandrum
20	绿僵菌	Metarhizium spp.
21	耳霉菌	Conidioblous thromboides
22	厚孢轮枝菌(厚垣轮枝孢菌)	Verticillium chlamydosporium
23	淡紫拟青霉	Paecilomyces lilacinus
24	白僵菌	Beauveria spp.
25	木霉菌	Trichoderma spp.
26	放射土壤杆菌	Agrobacterium radibacter
27	多粘类芽孢杆菌	Paenibacillus polymyza
28	短稳杆菌	Empedobacter brevis
29	地衣芽孢杆菌	Bacillus lincheniformis
30	蜡质芽孢杆菌	Bacillus cereus
31	枯草芽孢杆菌	Bacillus subtilis
32	荧光假单胞杆菌	Pseudomonas fluorescens
33	苏云金杆菌	Bacillus thuringiensis

2.1.2.2 国际食品法典委员会(CAC)

国际食品法典委员会(CAC)在《食品和饲料中农药残留限量数据库》中规定了食品中农药残留限量标准,其中适用于生姜的农药残留限量标准共计 22 项。详细限量要求见表 2-17。

表 2-17　CAC 生姜农药残留限量

序号	农药中文名称	农药英文名称	CAC		
			食品中文名称	食品英文名称	最大残留限量/(mg/kg)
1	氟吡呋喃酮	Flupyradifurone	根及块茎类蔬菜	Root and tuber vegetables	0.7
2	氰虫酰胺	Cyantraniliprole	根及块茎类蔬菜	Root and tuber vegetables	0.05
3	联氟砜	Fluensulfone	根及块茎类蔬菜	Root and tuber vegetables	3
4	百草枯	Paraquat	根及块茎类蔬菜	Root and tuber vegetables	0.05
5	增效醚	Piperonyl Butoxide	根及块茎类蔬菜	Root and tuber vegetables	0.5
6	联苯菊酯	Bifenthrin	根及块茎类蔬菜	Root and tuber vegetables	0.05
7	百菌清	Chlorothalonil	根及块茎类蔬菜	Root and tuber vegetables	0.3

续表 2-17

序号	农药中文名称	农药英文名称	CAC		
			食品中文名称	食品英文名称	最大残留限量/(mg/kg)
8	噻虫嗪	Thiamethoxam	根及块茎类蔬菜	Root and tuber vegetables	0.3
9	抗蚜威	Pirimicarb	根及块茎类蔬菜	Root and tuber vegetables	0.05
10	腈菌唑	Myclobutanil	根及块茎类蔬菜	Root and tuber vegetables	0.06
11	氟啶虫胺腈	Sulfoxaflor	根及块茎类蔬菜	Root and tuber vegetables	0.03
12	除虫菊素	Pyrethrins	根及块茎类蔬菜	Root and tuber vegetables	0.05
13	嘧菌酯	Azoxystrobin	根及块茎类蔬菜	Root and tuber vegetables	1
14	啶酰菌胺	Boscalid	根及块茎类蔬菜	Root and tuber vegetables	2
15	噻虫胺	Clothianidin	根及块茎类蔬菜	Root and tuber vegetables	0.2
16	氯虫苯甲酰胺	Chlorantraniliprole	根及块茎类蔬菜	Root and tuber vegetables	0.02
17	氯氰菊酯(包括 α-和 zeta-氯氰菊酯)	Cypermethrins (including alpha-and zeta-cypermethrin)	根及块茎类蔬菜	Root and tuber vegetables	0.01
18	艾氏剂和狄氏剂	Aldrin and Dieldrin	根及块茎类蔬菜	Root and tuber vegetables	0.1
19	氯氟氰菊酯(包括高效氯氟氰菊酯)	Cyhalothrin (includes lambda-cyhalothrin)	根及块茎类蔬菜	Root and tuber vegetables	0.01
20	吡虫啉	Imidacloprid	根及块茎类蔬菜	Root and tuber vegetables	0.5
21	甲基谷硫磷	Azinphos-Methyl	蔬菜(除列表以外的)	Vegetables (except as otherwise listed)	0.5
22	氯丹	Chlordane	水果和蔬菜	Fruits and vegetables	0.02

按照限量标准的宽严程度进行分类,CAC 对于生姜农药残留限量标准在 0.01 mg/kg

及以下的为 2 项，占限量总数的 9.1%；限量标准为 0.01～0.1 mg/kg(包括 0.1 mg/kg)的有 10 项，占限量总数的 45.5%；限量标准在 0.1～1 mg/kg(包括 1 mg/kg)的有 8 项，占限量总数的 36.4%；限量标准大于 1 mg/kg 的有 2 项，占限量总数的 9.1%。详细数据见表 2-18。

表 2-18　CAC 生姜农药残留限量标准分类

序号	农药残留限量范围	数量/项	比例/%
1	≤0.01 mg/kg	2	9.1
2	0.01～0.1 mg/kg(包括 0.1 mg/kg)	10	45.5
3	0.1～1 mg/kg(包括 1 mg/kg)	8	36.4
4	>1 mg/kg	2	9.1

与中国大陆 GB 2763—2016 生姜中农药残留限量相比，CAC 生姜中农药残留限量涉及的农药种类较少。中国大陆和 CAC 均有限量标准的有 7 项，这 7 项限量标准均一致。中国大陆与 CAC 生姜农药残留限量标准的对比见表 2-19。

表 2-19　中国大陆与 CAC 生姜农药残留限量标准对比　　单位：项

中国大陆农残限量总数	CAC 农残限量总数	仅中国大陆有规定的农药数量	中国大陆、CAC 均有规定的农药数量	仅 CAC 有规定的农药数量	中国大陆、CAC 均有规定的农药		
					比 CAC 严格的农药数量	与 CAC 一致的农药数量	比 CAC 宽松的农药数量
54	22	47	7	15	0	7	0

2.1.2.3　欧盟

1.欧盟生姜农药残留限量标准情况

欧盟《动植物源性食品和饲料中农药最大残留限量》((EC) No 396/2005)规定了农产品中农药最大残留限量。截至 2019 年 8 月 27 日，欧盟(EC) No 396/2005 规定了 497 项生姜中的农药最大残留限量标准，其中有 16 项农药未规定具体的最大残留限量标准。根据欧盟(EC) No 396/2005 中 Article 18 第 1(b)的规定，未规定具体最大残留限量值的农药执行 0.01 mg/kg 默认值，执行默认值的农药清单见表 2-20。欧盟生姜中农药最大残留限量标准见附件 1。

表 2-20　最大残留限量执行默认值 0.01 mg/kg 的农药

序号	农药英文名称	农药中文名称
1	1,4-Dimethylnaphthalene	1, 4-二甲基萘(1,4-DMN)
2	Bicyclopyrone	氟吡草酮
3	Carbon tetrachloride	四氯化碳
4	Cartap	杀螟丹
5	Coumaphos	蝇毒硫磷
6	Cyflumetofen	丁氟螨酯
7	Dinotefuran	呋虫胺
8	Flumequine	氟甲喹

续表 2-20

序号	农药英文名称	农药中文名称
9	Hydrogen cyanide	氢氰酸
10	Imazapyr	灭草烟
11	Nicotine	尼古丁
12	Phenthoate	稻丰散
13	Pyriofenone	甲氧苯唳菌
14	Sedaxane	环苯吡菌胺
15	Streptomycin	链霉素
16	Triflumezopyrim	三氟苯嘧啶

按照农药最大残留限量标准的宽严程度分类,见表 2-21。

表 2-21　欧盟生姜农药残留限量标准分类

序号	农药残留限量范围	数量	比例/%
1	≤0.01 mg/kg	296	59.6
2	0.01~0.1 mg/kg(包括 0.1 mg/kg)	166	33.4
3	0.1~1 mg/kg(包括 1 mg/kg)	29	5.8
4	>1 mg/kg	6	1.2

根据表 2-21 的分析,欧盟对于生姜中农药最大残留限量标准的规定,限量标准在 0.01 mg/kg以下的共计 296 项(包括执行 0.01 mg/kg 默认值的 16 项),占标准总数的 59.6%;限量标准为 0.01~0.1 mg/kg 的共计 166 项,占标准总数的 33.4%;限量标准在 0.1~1 mg/kg 的共计 29 项,占标准总数的 5.8%;限量标准大于 1 mg/kg 的共计 6 项,占标准总数的 1.2%。

中国大陆 GB 2763—2016 与欧盟(EC) No 396/2005 中对于生姜中农药最大残留限量均有规定的共计 37 项,其中最大农残限量标准一致的农药共计 8 项,比欧盟宽松的共计 27 项,比欧盟严格的共计 2 项。中国大陆与欧盟生姜农药最大残留限量标准的对比见表 2-22。

表 2-22　中国大陆与欧盟生姜农药残留限量标准对比　　单位:项

中国大陆农残限量总数	欧盟农残限量总数	仅中国大陆有规定的农药数量	中国大陆、欧盟均有规定的农药数量	仅欧盟有规定的农药数量	中国大陆、欧盟均有规定的农药		
					比欧盟严格的农药数量	与欧盟一致的农药数量	比欧盟宽松的农药数量
54	497	17	37	460	2	8	27

2.欧盟豁免农药清单

2005 年欧盟发布了《动植物源性食品和饲料中农药最大残留限量》((EC) No 396/2005)法规,建立了动植物源性产品和饲料中统一的农药残留限量管理的框架。该法规的附件Ⅳ,规定了不需要设定最大残留限量的农药清单,截至2021年8月27日,共有132种最大残留限量豁免的农药,具体清单见附件2。

3.欧盟禁止使用的农药清单

欧盟根据企业提供的资料和风险评估结果确定禁止使用的农药,并通过法规发布,截至2021年6月24日,欧盟已经对852种农药及活性成分停止授权。欧盟撤销登记的农药清单见附件3。

2.1.2.4 美国

1.美国生姜农药残留限量标准情况

美国生姜中的农药最大残留限量标准主要在联邦法规40 CFR PART 180部分。美国40 CFR PART 180规定了104项生姜中的农药最大残留限量标准。美国生姜中农药最大残留限量标准见附件4。

按照农药最大残留限量标准的宽严程度分类,见表2-23。

表2-23 美国生姜农药残留限量标准分类

序号	农药残留限量范围	数量/项	比例/%
1	≤0.01 mg/kg	17	16.3
2	0.01~0.1 mg/kg(包括0.1 mg/kg)	57	54.8
3	0.1~1 mg/kg(包括1 mg/kg)	19	18.3
4	>1 mg/kg	11	10.6

根据表2-23的分析,美国对于生姜农药最大残留限量标准的规定,最大残留限量标准在0.01 mg/kg及以下的共计17项,占标准总数的16.3%;限量标准为0.01~0.1 mg/kg的共计57项,占标准总数的54.8%;限量标准在0.1~1 mg/kg的共计19项,占标准总数的18.3%;限量标准大于1 mg/kg的共计11项,占标准总数的10.6%。

中国大陆GB 2763—2016与美国40 CFR PART 180中对于生姜中最大农药残留限量均有规定的仅6项,最大农药残留限量标准一致的共计2项,为联苯菊酯和灭多威,比美国宽松的1项,为乙酰甲胺磷;比美国严格的共计3项,为甲萘威、敌敌畏和百草枯。中国大陆与美国生姜农药残留限量标准的对比见表2-24。

表2-24 中国大陆与美国生姜农药残留限量标准对比 单位:项

中国大陆农残限量总数	美国农残限量总数	仅中国大陆有规定的农药数量	中国大陆、美国均有规定的农药数量	仅美国有规定的农药数量	中国大陆、美国均有规定的农药		
					比美国严格的农药数量	与美国一致的农药数量	比美国宽松的农药数量
54	104	48	6	98	3	2	1

2.美国豁免物质清单

美国豁免物质主要在美国联邦法规40 CFR PART 174和40 CFR PART 180第E部分。40 CFR PART 174中物质主要是用作植物嵌入型保护剂,40 CFR PART 180第E部分豁免的物质主要是在农药配方中作为惰性或活性成分的物质、生物农药、植物生长调节剂、植物激素和微生物农药等，具体的物质清单见附件5。

2.1.2.5　澳大利亚和新西兰

1.澳大利亚生姜中农药残留限量标准情况

澳大利亚和新西兰关于农药最大残留限量的规定是分开各自管理的。澳大利亚农药最大残留限量标准执行澳新食品法典标准1.4.2-附表20农药最大残留限量的规定，此标准仅适用于澳大利亚。截至2021年8月27日，澳大利亚规定了159项生姜中农药最大残留限量标准，澳大利亚生姜中农药最大残留限量标准见附件6。按照农药最大残留限量标准宽严程度分类，具体见表2-25。

表2-25　澳大利亚生姜农药残留限量标准分类

序号	农药残留限量范围	数量/项	比例/%
1	≤0.01 mg/kg	26	16.4
2	0.01~0.1 mg/kg(包括0.1 mg/kg)	109	68.6
3	0.1~1 mg/kg(包括1 mg/kg)	15	9.4
4	>1 mg/kg	9	5.7

根据表2-25的分析，澳大利亚对于生姜农药最大残留限量标准的规定，限量标准在0.01 mg/kg及以下的共计26项，占标准总数的16.4%；限量标准为0.01~0.1 mg/kg的共计109项，占标准总数的68.6%；限量标准在0.1~1 mg/kg的共计15项，占标准总数的9.4%；限量标准大于1 mg/kg的共计9项，占标准总数的5.7%。

根据表2-26的分析，中国大陆GB 2763—2016与澳新食品法典标准1.4.2-附表20农药最大残留限量标准中对生姜均有规定的农药共计12项；最大残留限量标准一致的农药共计2项，为增效醚和抗蚜威；比澳大利亚宽松的共计9项，为联苯菊酯、甲萘威、氯虫苯甲酰胺、氟虫腈、杀扑磷、灭多威、氯菊酯、炔苯酰草胺和敌百虫；比澳大利亚严格的共计1项，为硫线磷。中国大陆与澳大利亚生姜农药最大残留限量标准的对比见表2-26。

表2-26　中国大陆与澳大利亚生姜农药残留限量标准对比　　单位：项

中国大陆农残限量总数	澳大利亚农残限量总数	仅中国大陆有规定的农药数量	中、澳均有规定的农药数量	仅澳大利亚有规定的农药数量	中、澳均有规定的农药		
					比澳大利亚严格的农药数量	与澳大利亚一致的农药数量	比澳大利亚宽松的农药数量
54	159	42	12	147	1	2	9

2.新西兰生姜农药残留限量标准情况

新西兰的农药最大残留限量标准是由新西兰初级产业部负责制定的，新西兰初级产业部制定的《农业化合物最大残留量》标准中规定了有具体最大残留限量值的农药和最大残留限量豁免的农药。新西兰规定了30项生姜中的农药最大残留限量标准，新西兰生姜中农药最大残留限量标准见附件7。按照农药最大残留限量标准宽严程度分类，具体见表 2-27。

表 2-27　新西兰生姜农药残留限量标准分类

序号	农药残留限量范围	数量/项	比例/%
1	≤0.01 mg/kg	16	53.3
2	0.01~0.1 mg/kg(包括 0.1 mg/kg)	5	16.7
3	0.1~1 mg/kg(包括 1 mg/kg)	2	6.7
4	>1 mg/kg	7	23.3

根据表 2-27 的分析,新西兰对于生姜中农药残留限量标准的规定,限量标准在 0.01 mg/kg 及以下的共计 16 项,占标准总数的 53.3%;限量标准为 0.01~0.1 mg/kg 的共计 5 项,占标准总数的 16.7%;限量标准在 0.1~1 mg/kg 的共计 2 项,占标准总数的 6.7%;限量标准大于 1 mg/kg 的共计 7 项,占标准总数的 23.3%。

根据表 2-28 的分析,中国大陆 GB 2763—2016 与新西兰《农业化合物最大残留量》标准中对于生姜均有限量规定的农药共计 6 项,其中最大残留限量标准一致的农药共计 1 项,为百草枯,比新西兰宽松的共计 4 项,比新西兰严格的共计 1 项。中国大陆与新西兰生姜农药残留限量标准的对比见表 1-17。

表 2-28　中国大陆与新西兰生姜农药残留限量标准对比　　单位:项

中国大陆农残限量总数	新西兰农残限量总数	仅中国大陆有规定的农药数量	中、新均有规定的农药数量	仅新西兰有规定的农药数量	中、新均有规定的农药		
					比新西兰严格的农药数量	与新西兰一致的农药数量	比新西兰宽松的农药数量
54	30	48	6	24	1	4	1

3.新西兰豁免农药清单

在新西兰农业化合物最大残留限量标准中,列出了一般农作物和特定农作物中不需要制定最大残留限量的物质名称。其中适用于生姜的有 31 项,详细的清单见表 2-29。

表 2-29　适用于生姜的豁免物质清单

序号	豁免物质中文名称	豁免物质英文名称
1	活性成分(为食品或允许食品添加剂时,处理过的商品在销售要符合澳大利亚和新西兰食品法典标准)	Active ingredients that are foods or permitted food additives when the treated commodity at sale will be compliant with the Australia New Zealand Food Standards Code.
2	苏云金芽孢杆菌 Cry 1Ab 蛋白	Bacillus thuringiensis
3	源自羽扇豆的抗菌肽	Banda de Lupinus albus doce
4	溴氯海因	Bromochlorodimethylhydantoin
5	C9-C16 烷烃	C9-C16 Alkanes

续表 2-29

序号	豁免物质中文名称	豁免物质英文名称
6	壳聚糖	Chitosan
7	铜及其盐	Copper and its salts
8	二癸基二甲基氯化铵	Didecyl Dimethyl Ammonium Chloride
9	铁元素,含铁复合物,铁盐	Elemental iron, iron complexes, and iron salts
10	甲酸乙酯	Ethyl formate
11	8碳或更多碳链的脂肪酸及其盐	Fatty acids of 8 carbons or more in their chains, and their salts
12	赤霉酸	Gibberellic acid (gibberillins GA3, GA4 and GA7 and potassium gibberellate)
13	α和β过敏性蛋白	Harpin αβ protein
14	邻氨基苯甲酸甲酯	Methyl anthranilate
15	微生物活性成分	Microbial Active Ingredients
16	壳寡糖和寡聚半乳糖醛酸混合物	Mixtures of chito-oligosaccharides and oligogalactonurans
17	臭氧	Ozone
18	石蜡油	Paraffin oils
19	磷酸	Phosphorous acid
20	松油	Pine oil
21	植物提取物(未精炼的)	Plant extracts(unrefined)
22	多糖	Polysaccharides
23	多氧霉素D锌盐	Polyoxin D Zinc Salt
24	碳酸氢钾	Potassium bicarbonate
25	大豆油	Soya bean oil
26	硫黄	Sulphur
27	合成胶乳	Synthetic latex
28	二氧化氯	Chlorine dioxide
29	多硫化钙(石硫合剂)	Calcium polysulphide(lime sulphur)
30	印楝提取物(含印楝素)	Extract of Azadirachta indica (Neem)(containing azadirachtin)
31	羊茅属植物株AR1006(含有喹啉生物碱的有:n-乙酰喹啉、n-乙酰喹啉、n-甲酰喹啉)	Neotyphodium uncinatum strain AR1006 (containing the Loline alkaloids: n-acetylloline, n-acetylnorloline, n-formylloline)

4.新西兰禁用农药清单

2011 年农业化合物和兽药(豁免和禁止物质)条例中规定了禁用的农药,具体见表 2-30。

表 2-30　新西兰禁用农药清单

序号	禁用农药中文名称	禁用农药英文名称
1	艾氏剂	Aldrin
2	氯丹	Chlordane
3	十氯酮	Chlordecone
4	DDT(包括 DDD 和 DDE)	DDT including DDD (also known as TDE) and DDE
5	狄氏剂	Dieldrin
6	硫丹原药及其同分异构体	Technical endosulfan and its related isomers
7	异狄氏剂	Endrin
8	HCB (也成为六氯苯)	HCB (also known as hexachlorobenzene) except as an impurity inother active ingredients
9	HCH(六氯环己烷)	HCH (also known as hexachlorocyclohexane or benzenehexachloride)
10	七氯	Heptachlor
11	林丹	Lindane
12	灭蚁灵	Mirex
13	五氯苯	Pentachlorobenzene
14	五氯苯酚及其异构体	Pentachlorophenol and its salts and esters
15	毒杀芬	Toxaphene

2.1.2.6　日本

1.日本生姜农药残留限量标准情况

根据日本厚生劳动省网站公布的“肯定列表”制度的数据,如表 2-31 所示,日本对于生姜农药残留限量标准的规定共 222 项。限量标准在 0.01 mg/kg 及以下的为 37 项,占标准总数的 16.7%;限量标准在 0.01~0.1 mg/kg 的有 115 项,占标准总数的 51.8%;限量标准在 0.1~1 mg/kg 的有 49 项,占标准总数的 22.1%;限量标准大于 1 mg/kg 的有 21 项,占标准总数的 9.4%。日本生姜中农药最大残留限量标准见附件 8。

表 2-31　日本生姜农药残留限量标准分类

序号	农药残留限量范围	数量/项	比例/%
1	≤0.01 mg/kg	37	16.7
2	0.01~0.1 mg/kg(包括 0.1 mg/kg)	115	51.8
3	0.1~1 mg/kg(包括 1 mg/kg)	49	22.1
4	>1 mg/kg	21	9.4

根据表2-32的分析,我国GB 2763—2016与日本农残限量标准中对于生姜均有限量规定的农药共25项。其中限量标准一致的农药有联苯菊酯、杀螟硫磷及百草枯3种。我国农药限量标准比日本宽松的有氯丹、异狄氏剂及氟虫腈等7种,比日本严格的有敌百虫、硫线磷等15种。我国标准相对于日本标准规定的农药较少,大约是日本的1/8,但对于共有规定的农药,我国在限量规定方面多数都要比日本规定的限量更严格。

表2-32　中国与日本生姜农药残留限量标准对比　　单位:项

中国农残限量总数	日本农残限量总数	仅中国有规定的农药数量	中、日均有规定的农药数量	仅日本有规定的农药数量	中、日均有规定的农药		
					比日本严格的农药数量	与日本一致的农药数量	比日本宽松的农药数量
54	222	29	25	197	15	3	7

另外,根据《食品、添加剂等的规格标准》中关于农药限量的修改单,对部分农药的限量和适用时间做出了修改规定,但目前尚未实施。截至2021年9月2日,日本生姜的农残限量修改情况如表2-33所示。

表2-33　日本生姜新旧限量标准及实施时间

序号	农药英文名称	农药中文名称	旧限量值/(mg/kg)	新限量值/(mg/kg)	实施日期
1	Fenitrothion	杀螟硫磷	0.5	0.1	2019年12月27日
2	Probenazole	烯丙苯噻唑	0.1	—	2019年9月20日

注:“—”指一律基准,即≤0.01 mg/kg。

2.日本豁免物质清单

日本“肯定列表”制度颁布之初,就确定了豁免物质名单。豁免物质是指那些在一定残留量水平下不会对人体健康造成不利影响的农业化学品,包括来源于母体化合物但发生了化学变化所产生的化合物。在确定豁免物质时,健康、劳动与福利部主要考虑如下因素:日本的评估,FAO/WHO食品添加剂联合专家委员会(JECFA)和FAO/WHO杀虫剂残留联合专家委员会(JMPR)评估,基于《农药取缔法》的评估,以及其他国家和地区(澳大利亚、美国)的评估(相当于JECFA采用的科学评估)。目前,日本“肯定列表”制度共包括了10大类74种物质,具体见表2-34。

表2-34　日本豁免物质清单

序号	类型	豁免物质中文名称
1	氨基酸9种	丙氨酸、精氨酸、丝氨酸、甘氨酸、酪氨酸、缬氨酸、蛋氨酸、组氨酸、亮氨酸
2	维生素14种	β-胡萝卜素、维生素D及25(OH)D3、维生素C、维生素B12、维生素B1、维生素B2、维生素B3、维生素B5、维生素E、维生素H、维生素B6、维生素K、维生素B9、维生素A
3	微量元素、矿物质13种	锌、铵、硫、氯、钾、钙、硅、硒、铁、铜、钡、镁、碘

续表 2-34

序号	类型	豁免物质中文名称
4	食品和饲料添加剂 16 种	天冬酰胺、谷氨酰胺、β-阿朴-8′-胡萝卜素酸乙酯、万寿菊色素、辣椒红素、羟丙基淀粉、虾青素、肉桂醛、胆碱、柠檬酸、酒石酸、乳酸、山梨酸、卵磷脂、丙二醇、羟丙基磷酸双淀粉
5	天然杀虫剂 3 种	印楝素、印度楝油、矿物油
6	生物提取物 3 种	绿藻提取物、香菇菌丝提取物、蒜素
7	生物活素 1 种	肌醇
8	无机化合物 1 种	碳酸氢钠
9	有机化合物 1 种	尿素
10	其他 13 种	油酸、机油、硅藻土、石蜡、蜡、左旋肉碱、衣康酸、乙酸甘油脂肪酸酯、聚甘油脂肪酸酯、牛磺酸、啤酒酵母葡聚糖、甘油柠檬酸脂肪酸酯、单癸酸甘油酯

3.日本禁用和不得检出物质清单

2006 年日本"肯定列表"制度颁布之初,就规定了 15 种不得检出物质,后经过修订,又增加了 5 种,总计有 20 种不得检出物质,具体见表 2-35。

表 2-35　日本不得检出物质清单

序号	物质中文名称	物质英文名称
1	2,4,5-涕	2,4,5-T
2	敌菌丹	CAPTAFOL
3	卡巴氧	CARBADOX including QCA
4	氯霉素	CHLORAMPHENICOL
5	氯丙嗪	CHLORPROMAZINE
6	氯舒隆	CLORSULON
7	蝇毒磷	COUMAFOS/COUMAPHOS
8	丁酰肼	DAMINOZIDE
9	己烯雌酚	DIETHYLSTILBESTROL
10	迪美唑/地美硝唑	DIMETRIDAZOLE
11	呋喃它酮	FURALTADONE
12	呋喃唑酮	FURAZOLIDONE
13	异丙硝哒唑	IPRONIDAZOLE
14	孔雀石绿	MALACHITE GREEN
15	甲硝哒唑/甲硝唑	METRONIDAZOLE
16	呋喃妥因	NITROFURANTOIN
17	呋喃西林	NITROFURAZONE
18	喹乙醇	OLAQUINDOX
19	苯胺灵	PROPHAM
20	罗硝唑/洛硝达唑	RONIDAZOLE

4. 日本“一律基准”限量制度

在日本,除禁用物质和豁免检查的物质,以及已经设定最大残留限量的农兽药外,还有一些可能在农产品生产中使用,而未纳入管理的药物,日本“肯定列表”制度中称之为“一律基准”,并采用了 0.01 mg/kg 的限量指标。“一律标准”即日本政府确定的对身体健康不会产生负面影响的限值。“一律基准”以 1.5 μg/(人 · d)的毒理学阈值作为计算基准,而确定的限量值为 0.01 mg/kg。该标准将应用于含有“肯定列表”制度中未制定最大残留限量标准的农业化学品(《农药取缔法》中规定的农药活性原料、《确保饲料安全及品质改善法律》中规定的饲料添加剂及《药事法》中规定的兽药,但不包括日本厚生劳动省指定的豁免物质)的食品。未制定最大残留限量标准包括两种情况:①在任何农作物中均未制定最大残留限量;②尽管已对某些农作物制定了最大残留限量,但没有针对所讨论的农作物制定残留限量。对于日本地方政府执行检测的分析方法检出限高于 0.01 mg/kg 的化合物,将采用 LOD(最低检测限)分析方法。

2.1.2.7　韩国

1. 韩国生姜农药残留限量标准情况

韩国农产品的农药残留限量标准见《食品法典》的附表 3,对于法典中农产品未规定农药残留限量标准时,2019 年 1 月 1 日起适用 0.01 mg/kg 以下标准。另外,在韩国《食品法典》食品原料分类中,生姜属于植物性原料蔬菜类中的根菜类,生姜相关要求未规定时要适用蔬菜类或根菜类的标准。韩国生姜中农药最大残留限量标准见附件 9。

韩国《食品法典》规定了 130 项生姜的农药残留限量标准,按照标准宽严程度进行分类,具体见表 2-36。

表 2-36　韩国生姜农药残留限量标准分类

序号	农药残留限量范围	数量/项	比例/%
1	≤0.01 mg/kg	2	1.5
2	0.01～0.1 mg/kg(包括 0.1 mg/kg)	84	64.6
3	0.1～1 mg/kg(包括 1 mg/kg)	30	23.1
4	>1 mg/kg	14	10.8

根据表 2-36 的分析,韩国对于生姜农药残留限量标准的规定,限量标准在0.01 mg/kg 及以下的为 2 项,占标准总数的 1.5%;限量标准为 0.01～0.1 mg/kg 的有 84 项,占标准总数的 64.6%;限量标准在 0.1～1 mg/kg 的有 30 项,占标准总数的 23.1%;限量标准大于 1 mg/kg的有 14 项,占标准总数的 10.8%。

根据表 2-37 的分析,我国 GB 2763—2016 与韩国农残限量标准中对于生姜均有限量要求的农药品种共计 17 项。其中与 MRLs 标准一致的农药有百草枯、联苯菊酯、灭多威、灭线磷、氯丹 5 种,比韩国宽松的有甲萘威、杀螟硫磷、乙酰甲胺磷、六六六 4 种,比韩国严格的有对硫磷、甲拌磷、甲基对硫磷等 8 种。

表 2-37 中国与韩国生姜农药残留限量标准对比 单位:项

中国农残限量总数	韩国农残限量总数	仅中国有规定的农药数量	中、韩均有规定的农药数量	仅韩国有规定的农药数量	中、韩均有规定的农药		
					比韩国严格的农药数量	与韩国一致的农药数量	比韩国宽松的农药数量
54	130	37	17	113	8	5	4

2.韩国豁免物质清单

韩国《农药管理法》上使用、登记的农药以及根据国外相关法律合法使用的农药中含有的有效成分、符合毒性低对人体无潜在危害的成分、自然界中存在的包含在该食品中的无法区分的成分、安全性的天然植物保护剂(含微生物等)成分时,可豁免残留限量标准,豁免成分如表 2-38 所示。

表 2-38 韩国豁免物质清单

序号	有效成分
1	1-甲基环丙烯(1-Methylcyclopropene)
2	机油(Machine oil)
3	癸醇(Decyl alcohol)
4	Monacrosporium thaumasium KBC3017(Monacrosporium thaumasium KBC3017)
5	枯草芽孢杆菌 DBB1501(Bacillus subtilis DBB1501)
6	枯草芽孢杆菌 CJ-9(Bacillus subtilis CJ-9)
7	枯草芽孢杆菌 M 27(Bacillus subtilis M 27)
8	枯草芽孢杆菌 MBI600(Bacillus subtilis MBI600)
9	枯草芽孢杆菌 Y1336(Bacillus subtilis Y1336)
10	枯草芽孢杆菌 EW42-1(Bacillus subtilis EW42-1)
11	枯草芽孢杆菌 JKK238(Bacillus subtilis JKK238)
12	枯草芽孢杆菌 GB0365(Bacillus subtilis GB0365)
13	枯草芽孢杆菌 KB 401(Bacillus subtilis KB401)
14	枯草芽孢杆菌 KBC1010(Bacillus subtilis KBC1010)
15	枯草芽孢杆菌 QST713(Bacillus subtilis QST713)
16	解淀粉芽孢杆菌 KBC1121(Bacillus amyloliquefaciens KBC1121)
17	短小芽孢杆菌 QST2808(Bacillus pumilus QST2808)
18	波尔多液(Bordeaux mixture)
19	球孢白僵菌 GHA(Beauveria bassiana GHA)
20	球孢白僵菌 TBI-1(Beauveria bassiana TBI-1)
21	苏云金芽孢杆菌 aizawai (Bacillus thuringiensis subsp. aizawai)
22	苏云金芽孢杆菌 aizawai NT0423 (Bacillus thuringiensis subsp. aizawai NT0423)
23	苏云金芽孢杆菌 aizawai GB413 (Bacillus thuringiensis subsp. aizawai GB413)
24	苏云金芽孢杆菌库斯塔克亚种(Bacillus thuringiensis subsp. kurstaki)

续表 2-38

序号	有效成分
25	苏云金芽孢杆菌库斯塔克亚种(Bacillus thuringiensis var. kurstaki)
26	石灰黄(Calcium polysulfide, lime sulfur)
27	Streptomyces goshikiensis WYE324(Streptomyces goshikiensis WYE324)
28	Streptomyces colombiensis WYE20(Streptomyces colombiensis WYE20)
29	黏展剂(Spreader sticker)
30	Polyethylene Methyl Siloxane(Polyethylene Methyl Siloxane)
31	吲哚丁酸(IBA, 4-indol-3-ylbutyric acid)
32	吲哚乙酸,吲哚-3-乙酸(IAA, Indol-3-ylacetic acid)
33	Sodium salt of alkylsulfonated alkylate(Sodium salt of alkylsulfonated alkylate)
34	Alkyl aryl polyethoxylate(Alkyl aryl polyethoxylate)
35	白粉寄生菌株 AQ94013(Ampelomyces quisqualis AQ94013)
36	聚氧乙烯甲基硅氧烷(Oxyethylene methyl siloxane)
37	赤霉素 A3,赤霉素 A4+7(Gibberellin A3, Gibberellin A4+7)
38	碳酸钙(Calcium carbonate)
39	碱式硫酸铜(Copper sulfate basic)
40	三碱基硫酸铜(Copper sulfate tribasic)
41	氧氯化铜(Copper oxychloride)
42	氢氧化铜(Copper hydroxide)
43	哈茨木霉菌 YC 459(Trichoderma harzianum YC 459)
44	多粘类芽孢杆菌 AC-1(Paenibacillus polymyxa AC-1)
45	玫烟色拟青霉 DBB-2032(Paecilomyces fumosoroseus DBB-2032)
46	Polynaphthyl methane sulfonic acid dialkyl dimethyl ammonium(PMSAADA)
47	聚醚改性聚硅氧烷(Polyether modified polysiloxane)
48	聚氧乙烯甲基聚硅氧烷(Polyoxyethylene methyl Polysiloxane)
49	Polyoxyethylene alkylarylether(Polyoxyethylene alkylarylether)
50	聚氧脂肪酸酯(Polyoxyethylene fatty acid ester(PFAE))
51	硫黄(Sulfur)
52	polynaphtyl methane sulfonic + polyoxyethylene fatty acid ester
53	木素磺酸钠(Sodium ligno sulfonate)
54	Simplicillium lamellicola BCP
55	深绿木霉 SKT-1(Trichoderma atroviride SKT-1)
56	石蜡、石蜡油(Paraffin, Paraffinic oil)
57	壬酸(Pelargonic acid)
58	甲酸乙酯(Ethyl formate)
59	茶树油(Tea tree oil)
60	五水硫酸铜(Copper sulfate pentahydrate)
61	多氧霉素 D(Polyoxin D)

2.1.2.8　中国香港

1. 中国香港农药残留限量标准情况

中国香港《食物内除害剂残余规例》(第132CM章)中规定了食品中的农药最高残余限量及最高再残余限量。其中适用于生姜的农药残留限量标准共计53项。中国香港生姜中农药最大残留限量标准见附件10。

按照限量标准的宽严程度进行分类，中国香港对于生姜农药残留限量标准在0.01 mg/kg及以下的为4项，占限量总数的7.5%；限量标准为0.01～0.1 mg/kg(包括0.1 mg/kg)的有28项，占限量总数的52.8%；限量标准在0.1～1 mg/kg(包括1 mg/kg)的有13项，占限量总数的24.5%；限量标准大于1 mg/kg的有8项，占限量总数的15.1%。详细分类数据见表2-39。

表2-39　中国香港农药残留限量标准分类

序号	农药残留限量范围	数量/项	比例/%
1	≤0.01 mg/kg	4	7.5
2	0.01～0.1 mg/kg(包括0.1 mg/kg)	28	52.8
3	0.1～1 mg/kg(包括1 mg/kg)	13	24.5
4	>1 mg/kg	8	15.1

中国大陆与中国香港农残限量标准中对于生姜均有限量规定的农药共20项，其限量标准一致的农药有13项，中国大陆限量标准比中国香港宽松的有1项，比中国香港严格的有6项。中国大陆与中国香港生姜农药残留限量标准对比表见表2-40。

表2-40　中国大陆与中国香港生姜农药残留限量标准对比　　单位：项

中国大陆农残限量总数	中国香港农残限量总数	仅中国大陆有规定的农药数量	中国大陆、中国香港均有规定的农药数量	仅中国香港有规定的农药数量	中国大陆、中国香港均有规定的农药		
					比中国香港严格的农药数量	与中国香港一致的农药数量	比中国香港宽松的农药数量
54	53	34	20	33	6	13	1

2. 中国香港豁免农药清单

按照《食物内除害剂残余规例》(第132CM章)，中国香港豁免农药主要有78个，主要为微生物、植物源农药、无机化合物、有机化合物、昆虫信息素等。具体见表2-41。

表2-41　中国香港豁免农药清单

序号	豁免农药中文名称	豁免农药英文名称
1	1,4-二氨基丁烷	1,4-Diaminobutane
2	苯乙酮	Acetophenone
3	赤杨树皮	Alder bark
4	损毁链格孢菌株059	Alternaria destruens strain 059
5	乙酸铵	Ammonium acetate

续表 2-41

序号	豁免农药中文名称	豁免农药英文名称
6	碳酸氢铵／碳酸氢钾／碳酸氢钠	Ammonium bicarbonate / potassium bicarbonate / sodium bicarbonate
7	无定型二氧化硅	Amorphous silicon dioxide
8	白粉寄生孢单离物 M10 和菌株 AQ10	Ampelomyces quisqualis isolate M10 and strain AQ10
9	蜡样芽孢杆菌菌株 BP01	Bacillus cereus strain BP01
10	短小芽孢杆菌菌株 QST2808	Bacillus pumilus strain QST2808
11	枯草芽孢杆菌菌株 GBO3、MBI600 和 QST713	Bacillus subtilis strains GBO3, MBI600 and QST713
12	苏云金芽孢杆菌	Bacillus thuringiensis
13	球孢白僵菌菌株 GHA	Beauveria bassiana strain GHA
14	硼酸／硼酸盐类(硼砂(十水四硼酸钠)、四水八硼酸二钠、氧化硼(硼酐)、硼酸钠和偏硼酸钠)	Boric acid / borates (borax (sodium borate decahydrate), disodium octaborate tetrahydrate, boric oxide (boricanhydride), sodium borate and sodium metaborate)
15	溴氯二甲基脲酸	Bromochlorodimethylhydantoin (BCDMH)
16	碳酸钙／碳酸钠	Calcium carbonate / sodium carbonate
17	辣椒碱	Capsaicin
18	甲壳素	Chitin
19	几丁聚糖	Chitosan
20	肉桂醛	Cinnamaldehyde
21	丁香油	Clove oil
22	盾壳霉菌株 CON/M/91-08	Coniothyrium minitans strain CON/M/91-08
23	细胞分裂素	Cytokinins
24	皂树萃取物(皂角苷)	Extract from Quillaja saponaria(saponins)
25	茶树萃取物	Extract from tea tree
26	脂肪酸 C7-C20	Fatty acid C7-C20
27	脂肪族醇	Fatty alcohols/aliphatic alcohols
28	γ-氨基丁酸	Gamma aminobutyric acid
29	大蒜萃取物	Garlic extract
30	香叶醇	Geraniol

续表 2-41

序号	豁免农药中文名称	豁免农药英文名称
31	链孢粘帚霉菌株 J1446	Gliocladium catenulatum strain J1446
32	高油菜素内酯	Homobrassinolide
33	芹菜夜蛾核型多角体病毒的包含体	Inclusion bodies of the multi-nuclear polyhedrosis virus of Anagrapha falcifera
34	印度谷螟颗粒体病毒	Indian meal moth granulosis virus
35	吲哚-3-丁酸	Indole-3-butyric acid
36	乙二胺四乙酸铁络合物	Iron（Ⅲ）ethylenediaminetetraacetate（EDTA）complex
37	磷酸铁	Iron(Ⅲ) phosphate
38	玖烟色拟青霉菌株 97	Isaria fumosorosea Apopka strain 97
39	乳酸	Lactic acid
40	石硫合剂(多硫化钙)	Lime sulphur (calcium polysulphide)
41	溶血磷脂酰乙醇胺	Lysophosphatidylethanolamine (LPE)
42	邻氨基苯甲酸甲酯	Methyl anthranilate
43	甲基壬基酮	Methyl nonyl ketone
44	矿物油	Mineral oil
45	硫酸二氢单脲(硫酸盐尿素)	Monocarbamide dihydrogen sulphate (urea sulphate)
46	Muscodor albus 菌株 QST20799 和其在再水合作用下所产生的挥发物	Muscodor albus strain QST20799 and the volatiles produced on rehydration
47	苦楝油	Neem oil
48	蝗虫微孢子虫	Nosema locustae
49	日本金龟颗粒病毒的包含体	Occlusion bodies of the granulosis virus of Cydia pomonella(codling moth)
50	淡紫拟青霉菌株 251	Paecilomyces lilacinus strain 251
51	过氧乙酸	Peracetic acid (peroxyacetic acid)
52	信息素	Pheromones
53	仙人掌德克萨斯仙人球(Opuntia lindheimeri)、西班牙栎(Quercus falcata)、香漆(Rhus aromatica)和美国红树(Rhizophoria mangle)萃取物	Plant extract derived from Opuntia lindheimeri, Quercus falcata, Rhus aromatica and Rhizophoria mangle

续表 2-41

序号	豁免农药中文名称	豁免农药英文名称
54	磷酸二氢钾	Potassium dihydrogen phosphate
55	邻硝基苯酚钾／对硝基苯酚钾／邻硝基苯酚钠／对硝基苯酚钠	Potassium o-nitrophenolate / potassium p-nitrophenolate/ sodium o-nitrophenolate / sodium p-nitrophenolate
56	三碘化钾	Potassium tri-iodide
57	水解蛋白	Protein hydrolysate
58	绿针假单胞菌菌株 63-28 和 MA342	Pseudomonas chlororaphis strains 63-28 and MA342
59	Pseudozyma flocculosa 菌株 PF-A22 UL	Pseudozyma flocculosa strain PF-A22 UL
60	寡雄腐霉菌菌株 DV74	Pythium oligandrum strain DV74
61	鼠李糖脂生物表面活性剂	Rhamnolipid biosurfactant
62	S-诱抗素	S-abscisic acid
63	海草萃取物	Seaweed extracts
64	硅酸铝钠	Sodium aluminium silicate
65	山梨糖醇辛酸酯	Sorbitol octanoate
66	大豆卵磷脂	Soya lecithins
67	甜菜夜蛾核型多角体病毒	Spodoptera exigua nuclear polyhedrosis virus
68	利迪链霉菌菌株 WYEC108	Streptomyces lydicus strain WYEC108
69	蔗糖辛酸酯	Sucrose octanoate esters
70	硫黄	Sulphur
71	妥尔油	Tall oil
72	人工制成的 Chenopodium ambrosioides near ambrosioides 萃取物中的萜烯成分(α-松油烯、d-苎烯和对异丙基甲苯)	Terpene constituents of the extract of Chenopodiumambrosioides near ambrosioides (α-terpinene, d-limonene and p-cymene), as synthetically manufactured
73	棘孢木霉菌株 ICC012	Trichoderma asperellum strain ICC012
74	盖姆斯木霉菌株 ICC080	Trichoderma gamsii strain ICC080
75	钩状木霉菌株 382	Trichoderma hamatum isolate 382
76	哈茨木霉菌株 T-22 和 T-39	Trichoderma harzianum Rifai strains T-22 and T-39
77	三甲胺盐酸盐	Trimethylamine hydrochloride
78	水解酿酒酵母萃取物	Yeast extract hydrolysate from Saccharomyces cerevisiae

2.1.2.9 中国台湾

1. 中国台湾农药残留限量标准情况

中国台湾《农药残留容许量标准》中规定了农药残留量。其中，适用于生姜的农药残留限量标准共计 77 项。中国台湾生姜中农药最大残留限量标准见附件 11。

按照限量标准的宽严程度进行分类，中国台湾对于生姜农药残留限量标准在 0.01 mg/kg及以下的为 5 项，占限量总数的 6.5%；限量标准为 0.01～0.1 mg/kg（包括 0.1 mg/kg）的有 33 项，占限量总数的 42.9%；限量标准在 0.1～1 mg/kg（包括 1 mg/kg）的有 36 项，占限量总数的 46.8%；限量标准大于 1 mg/kg 的有 3 项，占总数的 3.9%。具体数据见表 2-42。

表 2-42 中国台湾农药残留限量标准分类

序号	农药残留限量范围	数量/项	比例/%
1	≤0.01 mg/kg	5	6.5
2	0.01～0.1 mg/kg（包括 0.1 mg/kg）	33	42.9
3	0.1～1 mg/kg（包括 1 mg/kg）	36	46.8
4	>1 mg/kg	3	3.9

中国台湾与中国大陆生姜中农药残留限量标准相比，两者均有限量规定的农药共 14 项，其中限量标准一致的农药有 5 项，中国大陆限量标准比中国台湾宽松的共计 3 项，比中国台湾严格的共计 6 项。中国大陆与中国台湾生姜农药残留限量标准对比见表 2-43。

表 2-43 中国大陆与中国台湾生姜农药残留限量标准对比 单位：项

中国大陆农残限量总数	中国台湾农残限量总数	仅中国大陆有规定的农药数量	中国大陆、中国台湾均有规定的农药数量	仅中国台湾有规定的农药数量	中国大陆、中国台湾均有规定的农药		
					比中国台湾严格的农药数量	与中国台湾一致的农药数量	比中国台湾宽松的农药数量
54	77	40	14	63	6	5	3

2. 中国台湾豁免农药清单

按照《农药残留容许量标准》，中国台湾豁免农药有 32 种，主要为微生物农药、抗生素农药、无机化合物、有机化合物、植物生长调节剂、生物农药等。具体见表 2-44。

表 2-44 中国台湾豁免农药残留名单

序号	农药中文名称	农药英文名称
1	印楝素	Azadirachtin
2	枯草杆菌	Bacillus subtilis
3	苏力菌	Bacillus thuringiensis
4	保米霉素	Blasticidin-S
5	碳酸钙	Calcium Carbonate

续表 2-44

序号	农药中文名称	农药英文名称
6	松香酯铜	CITCOP
7	乙醇胺铜	Copper Chelate
8	碱性氯氧化铜	Copper Oxychloride
9	硫酸铜	Copper Sulfate
10	氢氧化铜	Cupric Hydroxide
11	氧化亚铜	Cuprous Oxide
12	细胞分裂素	Cytokinins
13	DL-甲硫胺酸	DL-methionine
14	治芽素	Fatty alcohols
15	吲哚丁酸	IBA
16	石灰硫黄	Lime & Sulfur
17	萘乙酸钠	NAA, sodium salt
18	抑芽醇	n-Decanol
19	亚纳铜	Nonylphenol Coppersulfonate
20	土霉素	Oxytetracycline
21	矿物油	Petroleum Oils
22	保粒霉素	Polyoxins
23	碳酸氢钾	Potassium Hydrogen Carbonate
24	核黄素	Riboflavin
25	甜菜叶蛾费洛蒙	Sex pheromone of Spodoptera exiqua
26	斜纹夜盗蛾费洛蒙	Sex pheromone of Spodoptera litura
27	硝基苯酚钠	Sodium Nitrophenol
28	链霉素	Streptomycin
29	可湿性硫黄	Sulfur
30	四环霉素	Tetracycline
31	三元硫酸铜	Tribasic Copper Sulfate
32	维利霉素	Validamycin A

3.中国台湾禁用农药清单

按照《农药残留容许量标准》,中国台湾禁用农药有58种,具体见表2-45。

表2-45 中国台湾禁用农药残留名单

序号	农药中文名称	农药英文名称
1	得灭克	Aldicarb
2	阿特灵	Aldrin
3	灭苏民	Aziprotryne
4	亚环锡	Azocyclotin
5	西脱螨	Benzoximate
6	虫必死	BHC
7	百螨克	Binapacryl
8	溴磷松	Bromophos
9	得灭多	Buthiobate
10	四氯丹	Captafol
11	加芬松	Carbophenothion
12	全灭草	Chlornitrofen, CNP
13	克氯苯	Chlorobenzilate
14	克氯螨	Chlorophylate
15	可力松	Conen
16	氰乃净	Cyanazine
17	杀布螨	Cycloprate
18	锡螨丹	Cyhexatin
19	亚拉生长素	Daminozide
20	二溴氯丙烷	DBCP
21	滴滴涕	DDT
22	甲基灭赐松	Demephion
23	得拉松	Dialifos
24	滴滴	Dichloropropene
25	地特灵	Dieldrin
26	得氯螨	Dienochlor
27	大脱螨	Dinobuton
28	白粉克	Dinocap
29	达诺杀	Dinoseb
30	普得松	Ditalimfos
31	二溴乙烷	EDB
32	安特灵	Endrin
33	一品松	EPN
34	益多松	Etrimfos
35	乐乃净	Fenchlorphos
36	繁福松	Fensulfothion
37	福尔培	Folpet
38	福木松	Formothion
39	固殴宁	Glyodin

续表 2-45

序号	农药中文名称	农药英文名称
40	飞布达	Heptachlor
41	福赐松	Leptophos
42	美福松	Mephosfolan
43	溴化甲烷	Methyl Bromide
44	能死螨	MNFA (Nissol)
45	护谷、护谷杀丹、护得壮、丁拉护谷	Nitrofen
46	有机水银剂	Organic mercury
47	五氯硝苯	PCNB
48	五氯酚钠	PCP-Na
49	普灭克	Promecarb
50	赐加落	Pyracarbolid
51	杀力松	Salithion
52	杀螨多	Smite
53	得脱螨	Tetradifon
54	毒杀芬	Toxaphene
55	三苯醋锡	TPTA
56	三苯羟锡	TPTH
57	锌乃浦	Zineb
58	灵丹	γ-BHC (Lindane)

2.2　污染物和微生物风险分析

2.2.1　主要重金属污染物分析

中国大陆、CAC、韩国和中国台湾对生姜中铅的限量要求均为≤0.1 mg/kg；中国香港对生姜中铅的限量要求为≤6 mg/kg；欧盟、美国、澳大利亚、新西兰均未明确规定生姜中铅的限量要求。中国大陆、CAC、韩国、中国香港和中国台湾对生姜中镉的限量要求均为≤0.1 mg/kg；欧盟、美国、澳大利亚、新西兰均未明确规定生姜中镉的限量要求。中国大陆对生姜中汞的限量要求为≤0.01 mg/kg，中国香港对生姜中汞的限量要求为≤0.5 mg/kg，其他国家或地区尚未规定生姜中汞的限量要求。中国大陆对生姜中砷的限量要求为≤0.5 mg/kg，其他国家或地区尚未规定生姜中镉的限量要求。生姜生产企业主要重点控制的污染物包括铅和镉两种重金属污染物。各国家、地区和组织关于生姜中的铅、镉、汞、砷的限量要求见表 2-46。

表 2-46 各国家、地区和组织关于生姜中的铅、镉、汞、砷的限量要求 单位:mg/kg

污染物名称	中国大陆	CAC	欧盟	美国	澳大利亚、新西兰	韩国	中国香港	中国台湾
铅	≤0.1	≤0.1	—	—	—	≤0.1	≤6	0.1
镉	≤0.1	≤0.1	—	—	—	≤0.1	≤0.1	0.1
汞	≤0.01(总汞)	—	—	—	—	—	≤0.5	—
砷	≤0.5(总砷)	—	—	—	—	—	—	—

2.2.2 各国家、地区和组织污染物及微生物限量分析

2.2.2.1 中国大陆

1.中国大陆生姜污染物限量

中国大陆生姜中的污染物限量标准主要来自《食品安全国家标准 食品中污染物限量》(GB 2762—2017),主要涉及铅、镉、总砷、总汞、铬、锡 6 种污染物限量标准。中国大陆《关于三聚氰胺在食品中的限量值的公告》(2011 年第 10 号)规定了除婴儿配方食品外其他食品中三聚氰胺的限量标准为 2.5 mg/kg,该限量适用于生姜。另外,《食品中放射性物质限制浓度标准》(GB 14882—1994)规定了蔬菜中的放射性物质限量标准,这些限量标准同样适用于生姜。中国大陆生姜中污染物和放射性物质限量标准见表 2-47。

表 2-47 中国大陆生姜中污染物和放射性物质

序号	污染物名称	食品名称	限量标准	来源标准
1	铅	块根和块茎蔬菜(不包含薯类)	0.1 mg/kg	《食品安全国家标准食品中污染物限量》(GB 2762—2017)
2	镉	块根和块茎蔬菜	0.1 mg/kg	
3	总砷	新鲜蔬菜	0.5 mg/kg	
4	总汞	块根和块茎蔬菜(例如,薯类、胡萝卜、萝卜、生姜等)	0.01 mg/kg	
5	铬	块根和块茎蔬菜(例如,薯类、胡萝卜、萝卜、生姜等)	0.5 mg/kg	
6	三聚氰胺	其他食品(除婴儿配方食品以外)	2.5 mg/kg	《关于三聚氰胺在食品中的限量值的公告》(2011 年第 10 号)
7	^{3}H	蔬菜及水果	170 000 Bq/kg	《食品中放射性物质限制浓度标准》(GB 14882—1994)
8	^{89}Sr	蔬菜及水果	970 Bq/kg	
9	^{90}Sr	蔬菜及水果	77 Bq/kg	
10	^{133}I	蔬菜及水果	16 Bq/kg	
11	^{137}Cs	蔬菜及水果	210 Bq/kg	
12	^{147}Pm	蔬菜及水果	8 200 Bq/kg	
13	^{239}Pu	蔬菜及水果	2.7 Bq/kg	
14	^{210}Po	蔬菜及水果	5.3 Bq/kg	
15	^{226}Ra	蔬菜及水果	11 Bq/kg	
16	^{223}Ra	蔬菜及水果	5.6 Bq/kg	
17	天然钍	蔬菜及水果	0.96 mg/kg	
18	天然铀	蔬菜及水果	1.5 mg/kg	

2.中国大陆生姜微生物限量

中国大陆《食品安全国家标准　食品中致病菌限量》(GB 29921—2013)规定了食品中微生物限量要求,标准中未涉及生姜中微生物的限量要求。

2.2.2.2　国际食品法典委员会(CAC)

1.CAC 生姜污染物限量

国际食品法典委员会《食品和饲料中污染物毒素通用标准》(CODEX STAN 193—1995)中规定了食品中污染物及放射性物质的限量标准。其中,标准规定了块根及块茎类蔬菜中铅和镉的限量标准均为 0.1 mg/kg,该限量适用于生姜,与中国大陆生姜中铅和镉的限量标准一致。标准中规定了食品(非婴儿配方食品)和饲料中三聚氰胺中的限量标准为 2.5 mg/kg,该限量适用于生姜,与中国大陆生姜中三聚氰胺的限量标准一致。标准中还规定了食品中氯乙烯单体和丙烯腈、非婴儿食品中放射性物质的限量标准,这些限量标准同样适用于生姜。

CAC 生姜中污染物和放射性物质限量标准见表 2-48。

表 2-48　CAC 生姜中污染物和放射性物质限量标准

序号	污染物名称	食品名称	限量标准	来源标准/法规
1	铅	块根及块茎类蔬菜	0.1 mg/kg	《食品和饲料中污染物毒素通用标准》(CODEX STAN 193—1995)
2	镉	块根及块茎类蔬菜	0.1 mg/kg	
3	氯乙烯单体	食品	0.01 mg/kg	
4	丙烯腈	食品	0.02 mg/kg	
5	三聚氰胺	食品(非婴儿配方食品)和饲料	2.5 mg/kg	
6	钚-238、钚-239、钚-240、镅-241	非婴儿食品	10 Bq/kg	
7	锶-90、钌-106、碘-129、碘-131、铀-235	非婴儿食品	100 Bq/kg	
8	硫-35*、钴-60、锶-89、钌-103、铯-134、铯-137、铈-144、铱-192	非婴儿食品	1 000 Bq/kg	
9	氢-3**、碳-14、锝-99	非婴儿食品	10 000 Bq/kg	

注:“*”代表有机结合硫的值。
“**”代表有机结合氚的值。

2. CAC 生姜微生物限量

CAC 尚未制定微生物限量的通用标准或法规。

2.2.2.3 欧盟

1.欧盟生姜污染物限量

欧盟污染物限量规定主要在《食品中特定污染物的最大残留限量》((EC)No 1881/2006)和《核事故和其他辐射应急情况之后食品饲料中放射性污染的最大允许限量》(REGULATION (Euratom)2016/52)中,其中附件(EC)No 1881/2006 规定污染物和毒素的限量,与生姜相关的污染物仅有三聚氰胺及其类似物,与生姜相关的毒素共3项:黄曲霉毒素B1、黄曲霉毒素(B1, B2, G1, G2)和赭曲霉毒素A。欧盟 REGULATION (Euratom) 2016/52 中规定了锶-90、碘-131、镅-241、铯-134 和铯-137 在生姜中的限量标准。具体的限量标准见表2-49。

表2-49 欧盟污染物毒素限量标准

污染物名称		食品名称		最大限量
中文	英文	中文	英文	
三聚氰胺及其类似物	Melamine and its structural analogues	食品(不包括婴儿和较大婴儿粉末状配方食品)	Food with the exception of infant formulae and follow-on formulae	2.5 mg/kg
黄曲霉毒素B1	Aflatoxins B1	生姜	Zingiber officinale (ginger)	5.0 μg/kg
黄曲霉毒素(B1、B2、G1、G2)	Aflatoxins (Sum of B1, B2, G1 and G2)	生姜	Zingiber officinale (ginger)	10.0 μg/kg
赭曲霉毒素A	ochratoxin A	生姜	Zingiber officinale (ginger)	15.0 μg/kg
锶的同位素,锶-90	Sum of isotopes of strontium	生姜	Ginger	7 500 Bq/kg
碘的同位素,碘-131	Sum of isotopes of strontium, notably Sr-90	生姜	Ginger	20 000 Bq/kg
钚-239、镅-241	Sum of alpha-emitting isotopes of plutonium and transplutonium elements, notably Pu-239 and Am-241	生姜	Ginger	800 Bq/kg
铯-134、铯-137等,其他所有半衰期大于10 d的放射性核素	Sum of all other nuclides of half-life greater than 10 days, notably Cs-134 and Cs-137	生姜	Ginger	12 500 Bq/kg

欧盟生姜中污染物的种类比中国大陆少,欧盟(EC)No 1881/2006 和 REGULATION

(Euratom) 2016/52 中仅规定了三聚氰胺、放射性污染物碘-131、锶-90、钚-239 与镅-241 之和、铯-134 与铯-137 之和在生姜中的限量。欧盟与中国大陆对于生姜的归类不同，欧盟将生姜归为香辛料类，而在中国大陆将生姜归为根茎类蔬菜。

欧盟与中国大陆均有规定的污染物包括三聚氰胺、放射性污染物碘-131 和锶-90，具体的限量标准见表 2-50。

表 2-50　欧盟与中国大陆均有规定的污染物限量标准

污染物名称		限量	
中文	英文	中国大陆	欧盟
碘-131	I-131	160 Bq/kg	7 500 Bq/kg
锶-90	Sr-90	77 Bq/kg	20 000 Bq/kg
三聚氰胺	Melamine	2.5 mg/kg	2.5 mg/kg

2.欧盟生姜微生物限量

欧盟微生物限量规定主要在《食品微生物标准》((EC) No 2073/2005)中，欧盟微生物标准适用产品范围为：肉及可食用肉类内脏、鱼及甲壳类、软体动物及其他水生无脊椎动物、乳制品、禽蛋、天然蜂蜜、粮谷、面粉、淀粉、蔬菜、水果、坚果半成品等食品，但未规定在生姜中的限量。

2.2.2.4　澳大利亚和新西兰

1.澳大利亚和新西兰生姜污染物限量

澳大利亚和新西兰污染物限量规定主要在澳新食品标准法典- 附表 19-污染物和天然毒素的最大限量中。与生姜相关的污染物主要包含在所有食品和除包装水外的所有食品中，涉及的污染物主要是丙烯腈和氯乙烯。具体的限量标准见表 2-51。

表 2-51　澳新污染物限量标准

污染物名称		食品名称		最大限量/(mg/kg)
中文	英文	中文	英文	
丙烯腈	Acrylonitrile	所有食品	All food	0.02
氯乙烯	Vinyl chloride	除包装水外的所有食品	All food except packaged water	0.01

2.澳大利亚和新西兰生姜微生物限量

澳大利亚和新西兰微生物限量规定主要在澳新食品标准法典附表 27-食品微生物限量中，澳大利亚和新西兰微生物标准适用产品范围为：存在单核细胞增多性李斯特氏菌风险的即食食品、婴儿谷类食品、加工的蛋制品、肉制品、包装食用冰、水产制品等食品中，未规定在生姜的限量。

2.2.2.5　美国

1.美国生姜污染物限量

美国未制定食品中污染物和微生物限量的通用标准和法规。为控制食品中的污染物、毒素等有毒有害物质，美国 FDA 在行业指南中规定了食品中的有毒有害物质的行动水平。与生姜有关的有毒有害物质主要在《行业指南：人类食物和动物饲料中有毒或有害物质的操作水平》(FDA-1998-N-0050)和《合规政策指南 Sec. 560.750：进口食品中的放射性核素》中。具体的限量标准见表 2-52。

表 2-52　美国污染物和毒素限量标准

污染物名称		食品名称		最大限量
中文	英文	中文	英文	
黄曲霉毒素	Aflatoxin	食品	Foods	20 μg/kg
锶-90	Strontium-90	国内食品和进口食品	Food in Domestic Commerce and Food Offered for Import	160 Bq/kg
碘-131	Iodine-131	国内食品和进口食品	Food in Domestic Commerce and Food Offered for Import	170 Bq/kg
铯-134+铯-137	Cesium-134 + Cesium-137	国内食品和进口食品	Food in Domestic Commerce and Food Offered for Import	1 200 Bq/kg
钚-238+钚-239+镅-239	Plutonium-238 + Plutonium-239+Americium-241	国内食品和进口食品	Food in Domestic Commerce and Food Offered for Import	2 Bq/kg
钌-103+钌-106	Ruthenium-103 + Ruthenium-106	国内食品和进口食品	Food in Domestic Commerce and Food Offered for Import	(C3/6 800)+(C6/450)<1

美国与中国大陆生姜中均规定了放射性污染物碘-131 和锶-90 的限量，具体的限量标准见表 2-53。

表 2-53　美国与中国大陆均有规定的污染物限量标准

污染物名称		限量/(Bq/kg)	
中文	英文	中国大陆	美国
碘-131	I-131	160	170
锶-90	Sr-90	77	160

2. 美国生姜微生物限量

美国没有微生物限量的通用标准或法规，也未制定生姜中微生物限量的指南类文件。

2.2.2.6　日本

我国制定了 12 种生姜的放射性污染物残留标准，而日本仅规定了放射性铯(Cs-134、Cs-137)的残留限量标准。我国规定了 7 种生姜重金属残留限量值，而日本并未对重金属进行规定。日本规定了生姜的黄曲霉毒素限量标准，而我国针对生姜并未规定此项标准。对于微生物，日本与我国均未针对生姜或其所属类别制定标准。

日本厚生劳动省发布的放射性污染物基准,仅规定了放射性铯在 4 类食品(牛乳、清凉饮料水、婴儿食品及其他食品)中的限量值,其中生姜属于其他食品,应符合其他食品的限量标准。如表 2-54 所示,日本对于放射性铯的要求比我国(Cs-137:<210 Bq/kg)更为严格,比我国低一半多。另外,根据日本厚生劳动省发布的《关于含有总黄曲霉毒素食品的管理》,包括生姜在内的全部食品中的黄曲霉毒素(B1、B2、G1 及 G2 之和)限量均不得超过 10 μg/kg。

表 2-54　日本污染物限量

英文名称	中文名称	食品类别	最大限量
Cesium	放射性铯	其他食品	100 Bq/kg
Aflatoxin	黄曲霉毒素	全食品	10 μg/kg

2.2.2.7　韩国

韩国《食品法典》第 2 章第 3 节一般食品的标准及规格对普通食品中的污染物(包括重金属、霉菌毒素、三聚氰胺、放射性标准)及微生物标准做出了规定,在法典的食品原料分类中,生姜归为植物性原料中蔬菜类下的根菜类,所以需按以上分类适用相关要求。生姜相关污染物限量见表 2-55。

表 2-55　韩国生姜的污染物限量标准

污染物名称	食品类别	最大限量	备注
铅	根菜类	≤0.1 mg/kg	重金属
镉	根菜类	≤0.1 mg/kg	重金属
总黄曲霉毒素(B1,B2,G1 及 G2 之和)	植物性原料	≤15.0 μg/kg	霉菌毒素
黄曲霉毒素 B1	植物性原料	≤10.0 μg/kg	霉菌毒素
三聚氰胺	特殊用途食品中婴儿配方乳制品、成长期配方乳制品、婴儿用配方食品、成长期配方食品、婴幼儿谷物调制食品、其他婴幼儿食品、特殊医学用途食品除外的所用食品及食品添加剂	≤2.5 mg/kg	
^{131}I	所有食品	≤100 Bq/kg, L	放射线
$^{134}Cs+^{137}Cs$	其他食品*	≤100 Bq/kg, L	放射线

注:其他食品*,婴儿用配方食品、成长期用配方食品、婴幼儿用谷类配方食品、其他婴幼儿食品、婴幼儿用特殊配方食品、婴儿用调制乳、成长期用调制乳、生乳及乳制品、冰淇淋类除外的所有食品,以及农、畜、水产品。

根据表 2-55,韩国《食品法典》将重金属、霉菌毒素、三聚氰胺、放射性物质均归类为污染物。其中,对于重金属类污染物,韩国规定了根菜类中的铅和镉的残留限量标准,限量水平与中国一致,而中国除铅和镉外,还规定了新鲜蔬菜中锡、总砷、铬、总汞此类重金属污染物的残留限量标准。同时,韩国还规定了植物性原料(含生姜)中霉菌毒素的限量标准,但中国并无此类规定。对于三聚氰胺,韩国与中国要求一致,均在 2.5 mg/kg 以下。

除此之外，韩国还规定了放射性碘(^{131}I)及放射性铯($^{134}Cs+^{137}Cs$)的标准，并且日本福岛核电站事故以后，韩国将放射性铯的标准改为临时标准(100 Bq/kg, L以下)，但就该标准韩国并未修改《食品法典》，也就未在法典中体现。2019年4月26日，韩国修改《食品法典》(食品药品安全处告示第2019-31号)，进一步强化了放射性碘及放射性铯的管理，按照表2-55的要求，理论上，生姜的放射性碘及放射性铯限量应不超过100 Bq/kg。中国规定了放射性铯(^{137}Cs)等12种不同的放射性物质的限量，且放射性铯的要求与韩国相比较为宽松。

对于生姜中的微生物限量标准，中国和韩国均未做出规定。

2.2.2.8 中国香港

1.中国香港生姜污染物限量

中国香港《食物搀杂(金属杂质含量)规例》规定了所有固体食物中铅、汞、锡和谷类及蔬菜中镉、铬、锑的限量标准，这些限量标准均适用于生姜。与中国大陆生姜中重金属限量标准相比，镉的限量标准两者一致，中国香港生姜中铅、汞、铬的限量标准比中国大陆更宽松，中国香港生姜中锡的限量标准比中国大陆更严格。在《食物内有害物质规例》中规定了任何其他食品(除孕产妇食品、婴幼儿食品、奶类食品外)中三聚氰胺的限量标准，该限量适用于生姜，与中国大陆生姜中三聚氰胺限量标准一致。另外，在《食物内矿物油规例》中还规定了食品中矿物油的限量标准，该限量同样适用于生姜。中国香港生姜中污染物的限量标准见表2-56。

表2-56 中国香港生姜中污染物限量标准

序号	污染物名称	食品名称	限量标准/(mg/kg)	来源标准
1	铅	所有固体食物	6	《食物掺杂(金属杂质含量)规例》
2	汞	所有固体食物	0.5	
3	锡	所有固体食物	230	
4	镉	谷类及蔬菜	0.1	
5	铬	谷类及蔬菜	1	
6	锑	谷类及蔬菜	1	
7	三聚氰胺	任何其他食物	2.5	《食物内有害物质规例》
8	矿物油	食品	不得检出	《食物内矿物油规例》

注：矿物油(mineral oil)，指衍生自原属矿物质的任何碳氢化合物产品，不论其为液体、半液体或固体，并包括石蜡油(或称火水)、白油、凡士林及硬石蜡。

2.中国香港生姜微生物限量

中国香港《食品微生物含量指引》中规定了食品中微生物的限量标准，标准中未规定生姜中微生物的限量标准。

2.2.2.9 中国台湾

1.中国台湾生姜污染物限量

中国台湾在《食品中污染物质及毒素卫生标准》中规定了根菜及块茎类中铅和镉的限量标准，均为0.1 mg/kg，该限量适用于生姜，与中国大陆地区生姜中铅和镉的限量标准一致。另外，中国台湾中还规定了生姜中生物毒素的限量标准，具体要求见表2-57。

表 2-57　中国台湾生姜中污染物限量标准

序号	污染物名称	食品名称	限量标准	来源标准
1	铅	根菜及块茎类	0.1 mg/kg	《食品中污染物质及毒素卫生标准》
2	镉	根菜及块茎类	0.1 mg/kg	
3	总黄曲毒素	香辛植物[a]	10 μg/kg	
4	总黄曲毒素	其他食品	10 μg/kg	
5	黄曲毒素 B_1	香辛植物[a]	5 μg/kg	
6	赭曲毒素 A	香辛植物[b]	15 μg/kg	
7	电子限用辐射线源	马铃薯、甘蔗、分葱、洋葱、大蒜、生姜	10 百万电子伏;最高照射剂量:0.15 千格雷	《食品辐射照射处理标准》
8	X 射线或 γ 射线限用辐射线源	马铃薯、甘蔗、分葱、洋葱、大蒜、生姜	最高辐射限能量:5 百万电子伏;最高照射剂量:0.15 千格雷	
9	碘-131	其他食品(除乳及乳制品、婴儿食品和饮料及包装水)	100 Bq/kg	《食品中原子尘或放射能污染容许量标准》
10	铯-134 与 铯-137 之总和	其他食品(除乳及乳制品、婴儿食品和饮料及包装水)	100 Bq/kg	

注:a.以下种类香辛植物,除另有规定外,以贩售形态适用:辣椒属(Capsicum spp.)及其制品,干燥形态,包括辣椒、辣椒粉;胡椒属(Piper spp.)及其制品,包括白胡椒及黑胡椒之果实;肉豆蔻(Myristica fragrans),肉豆蔻(nutmeg);姜(Zingiber officinale),姜(ginger)-姜黄(Curcuma longa),姜黄(turmeric);含有上述香辛植物之一的香料混合物。

b.以下种类之香辛植物,以贩售形态适用:胡椒属(Piper spp.),包括白胡椒及黑胡椒;肉豆蔻(Myristica fragrans),肉豆蔻(nutmeg);姜(Zingiber officinale),姜(ginger);姜黄(Curcuma longa),姜黄(turmeric)。

2.中国台湾生姜微生物限量

中国台湾在《生食用食品类卫生标准》中规定了生食用蔬菜类中大肠杆菌群和大肠杆菌的限量要求,该限量适用于生姜。具体要求见表 2-58。

表 2-58　中国台湾生姜中微生物限量标准

序号	微生物名称	食品名称	限量标准/(MPN/g)	来源标准
1	大肠杆菌群	生食用蔬菜类	1 000	《生食用食品类卫生标准》
2	大肠杆菌	生食用蔬菜类	10	

2.3　检疫风险分析

检验检疫是保护各国家或地区避免有害生物入侵的有效手段,同时检验检疫不合格也是农产品出口过程中经常遇到的问题。一旦被出口国家或地区发现检验检疫不合格,产品将面临退货或销毁,企业将遭遇巨大的经济损失。因此,了解各国家或地区生姜的检验检疫要求,将为中国生姜企业的顺利出口保驾护航。中国台湾和澳大利亚目前暂未允许中国大陆的生姜入境,因此本部分不对其进行分析。下面主要分析中国香港、美国、欧盟、新西兰和韩国对生姜的检验检疫要求。

2.3.1　中国香港

中国香港法例第207章《植物(进口管制及病虫害控制)条例》是香港实施检验检疫的法律依据。根据条例要求,一般的植物进口需要植物进口证和植物检疫证明书。但是,供作食用的水果、蔬菜,供作人或动物食用或供作工业使用的颖果、豆类、种子及香料豁免该条例要求,即不需要植物进口证或植物检疫证明书。因此,供食用的生姜豁免植物检疫证书要求,按照一般食品进口。

中国香港食物环境卫生署下属的食物安全中心负责所有在香港出售的食品(包括进口食品)的安全。食物安全中心为了加强对食品的监管,会制订食品检查计划,在进口、批发和零售层面抽取食品进行微生物测试和化学分析,包括农药残留检测。检测的依据是香港的各种法例,其中规定了生姜要求的法规,主要包括《食物内除害剂残余规例》《食物掺杂(金属杂质含量)规例》《食物内有害物质规例》等。另外,依据食物安全中心发布的不合格食品通报,与生姜相关的主要不合格信息为镉含量超标,与干燥或脱水姜、姜粉相关的不合格信息主要为检出黄曲霉毒素污染。因此,对于出口中国香港地区的生姜,应注意生姜的农药残留和重金属限量满足要求。

2.3.2　美国

美国农业部动植物卫生检验局(APHIS)在其网站推出了可搜索在线数据库:水果和蔬菜进口需求(FAVIR)数据库。FAVIR允许客户按商品或国家搜索授权进口至美国的水果和蔬菜以及进口要求,包括检验检疫要求。通过搜索结果得出中国生姜进口美国的要求如下:

(1)生姜可从美国所有港口入境,并且不需要许可证。

(2)该商品需在入境口岸需进行检查,并符合7 CFR 319.56-3的所有一般要求。

其中,7 CFR 319.56-3(d)部分指出所有进口水果或蔬菜均须接受检验,且在首次抵港后按检验人员的要求进行消毒,并须在检验人员选择的其他地点接受复验。

如果检查人员发现植物或部分植物,或植物害虫或有害杂草,或在任何水果、蔬菜或其容器上发现植物有害生物或有害杂草的证据,或发现水果、蔬菜可能与其他受植物害虫或有毒杂草侵扰的物品有关,则水果、蔬菜的所有者或代理人必须按照检验员的要求清洁或处理水果、蔬菜及其容器,水果、蔬菜也须在任意时间及地点由检验员选择进行复检、清洁和处理,直至符合规定的要求。

如果检查员发现进口的水果、蔬菜被禁止,或者没有所需的文件,或者是植物有害生物或有害杂草,根据检查员的判断,它不能被清洗或处理,或含有土壤或其他违禁污染物,可能会被拒绝进入美国。

(3)植物检疫证书。来自中国的生姜商业货物必须附有中国国家植物保护组织(NPPO)颁发的植物检疫证书。

因此,美国允许自中国的生姜进口,生姜需在入境口岸按照7 CFR 319.56-3的要求进行检验,并取得中国政府相关部门颁发的植物检疫证书。

2.3.3　欧盟

欧盟要求对进口到欧盟的植物、植物产品和其他受管制物品颁发植物检疫证书，以表明它们经过适当的检查，不含植物健康指令 2000/29/EC 附件 Ⅰ 和 Ⅱ 中规定的有害生物(主要涉及各个发育阶段的昆虫、螨虫和线虫，细菌，真菌，病毒和病毒样生物)，符合进口国的植物卫生法规。另外，还必须符合该指令附录Ⅳ A 部分和 B 部分中规定的欧盟植物检疫输入要求(其中不包含对生姜的具体要求)。

指令 2000/29/EC 将于 2019 年 12 月 14 日废除，届时将由《关于防止植物有害生物保护措施》的法规(EU)2016/2031 取代。按此法规的要求，从 2019 年 12 月 14 日起，所有植物(包括植物的生物部分)都需要附有植物检疫证书才能进入欧盟，除非它们在委员会实施法规《高风险植物、植物产品或其他物品的临时清单》((EU)2018/2019)中豁免附有植物检疫证书(生姜不符合豁免要求)。从 2019 年 12 月 14 日起免除携带植物检疫证书的植物主要包括菠萝、椰子、榴莲、香蕉和枣。

综上所述，出口到欧盟的生姜需要随附植物检疫证书。

2.3.4　新西兰

新西兰初级产业部(Ministry of Primary Industry，MPI)在 2019 年 9 月发布新的生姜进口健康标准(Import Health Standard，IHS)草案，新的生姜 IHS 草案包括对中国生姜的要求，这表明新西兰将逐步允许中国生姜出口到新西兰。

生姜 IHS 主要包括三部分：总体要求，特殊要求，检查验证和文件要求。

2.3.4.1　总体要求

经过新西兰官方验证，认为出口国拥有满意的植物卫生认证制度，进口商只能从官方验证的国家进口生姜。

所有新鲜生姜必须满足生姜的特殊要求，不能有活的害虫、土壤和其他污染物。可用于商业上生产，出口优质生姜必须具有完整的表皮，完整，无腐烂、萎缩、脱水的迹象，无异常水分，必须能够承受运输和搬运，必须在令人满意的条件下抵达新西兰。基本上没有损伤、瘀伤和缺陷。使用干净的、新的或翻新的材料包装。以安全的方式出口以防止污染。附有要求的检查、验证和相关的文件。生姜不得包括花、叶或任何其他植物部分，姜(Z.officinale)不得含有根部，姜科植物(Zingiber zerumbet)可以包含根部。鲜姜只能用于人类的消费食用。

2.3.4.2　特殊要求

生姜必须来源于符合良好农业规范(GAP)标准的生产场所，包括害虫控制、收获、分类、清洁、检查和包装等均应满足标准要求。

2.3.4.3　检查验证和文件要求

1.植物卫生检查

出口国植物检验检疫机构必须对样品进行抽样和目视检验，且需验证提交的包裹数量与文件的相符性，验证可追溯性标签的完整性，验证寄售品是否保持植物卫生安全。

若出口国植物检验检疫机构在检查生姜的过程中发现进口产品生物安全名录(Biosecurity Organisms Register for Imported Commodities，BORIC)中未列出的害虫，必须与新西兰初级产业部联系。

2.植物检疫证书

每批货物必须附有出口国官方植物检验检疫机构颁发的植物检疫证书。植物检疫证书必须包括的内容为:能够识别托运物及其组成部分的信息,原产国,生姜的学名,符合植物检疫卫生要求的相关声明。

另外,据新西兰提供的生姜有害生物清单草案,与生姜相关的有害生物涉及细菌、真菌、昆虫和线虫,具体信息见表 2-59。

表 2-59　生姜有害生物草案

序号	生物类型	学名	常用名
1	细菌	Pantoea ananatis 菠萝泛菌	Centre rot of onion, fruitlet rot of pineapple 洋葱烂心病、菠萝果肉腐烂
2		Ralstonia solanacearum 青枯雷尔氏菌(青枯菌)	Bacterial wilt of potatoes, bacterial wilt of potatoes 马铃薯枯萎病、番茄枯萎病
3		Xanthomonas zingiberi 姜黄单胞菌	Bacterial rot 细菌花腐病
4	真菌	Fusarium oxysporum f. sp.zingiberi 生姜镰刀菌	Fusarium wilt 枯萎病
5		Mucor racemosus 总状毛霉	
6		Pyricularia zingiberi 姜瘟病	
7		Pythiogeton ramosum 拉莫斯绿脓杆菌	
8		Pythium aphanidermatum 瓜果腐霉	
9		Pythium deliense 熟化脓杆菌	
10	昆虫	Aspidiotus destructor 茶椰圆蚧	Coconut scale, transparent scale 椰圆蚧,茶椰圆蚧
11		Atherigona orientalis 东方芒蝇	Muscid fly 蝇蝇
12		Conogethes (Dithocrocis) punctiferalis 桃蛀螟	Queensland bollworm 昆士兰棉铃虫, maize moth 玉米螟, pyralid moth 螟蛾, shoot borer 嫩梢蛀虫, smaller maize borer, yellow peach moth 桃蛀野螟
13		Ferrisia virgata 丝粉介壳虫	
14		Maruca vitrata 豆荚螟	Bean pod borer 豆野螟
15		Mimegralla coeruleifrons 瘦足绿额翠蝇	Rhizome fly 根茎蝇

续表 2-59

序号	生物类型	学名	常用名
16	线虫	Criconemella onoensis 小眼环线虫	
17		Helicotylenchus multicinctus 香蕉螺旋线虫	Spiral nematode 螺旋线虫
18		Meloidogyne enterolobii 象耳豆根节线虫	Pacara earpod tree root-knot nematode 帕卡拉耳足树根节线虫
19		Pratylenchus zeae 玉米短体线虫	Corn root lesion nematode 玉米根腐线虫
20		Rotylenchulus reniformis 肾形线虫	Reniform nematode 肾形线虫
21		Xiphinema insigne 标明剑线虫	Dagger nematode 剑线虫

2.3.5　韩国

韩国食品药品安全处(MFDS)负责食品从生产加工到进口、流通整个阶段的安全管理,对于生姜等初级农产品,进口监管也是由韩国食品药品安全处负责,生姜出口到韩国不仅要符合韩国《食品法典》中规定的污染物、微生物及农药残留限量标准等相关要求,还要经韩国检疫合格后才可在韩国国内流通,韩国农林畜产食品部主要负责动植物的检验检疫。

根据韩国《植物防疫法》,进口到韩国的植物应随附出口国政府发放的植物检疫证明或植物检疫证明电子版(依照《国际植物保护公约》的格式),但法律规定的情况可以豁免,例如:从无植物检疫政府机构的国家进口的情况等。

对于植物检疫对象必须从韩国规定的港口、机场、车站等进口。为防止病虫害从国外流入韩国国内对农作物、自然环境等造成经济损失,韩国农林畜产食品部会进行病虫害风险相关分析、评估,分析结果认为该植物是由病虫害地区生产、发货或过境会对韩国国内植物造成重大损失的情况、泥土或带土植物的情况等,韩国禁止进口,但法律规定的可豁免的情况除外。

另外,韩国《植物防疫法》第 17 条规定:进口植物检疫对象者应在其货物首次抵港时向植物检疫机构申报接受植物检疫官的检疫。检疫结果为:植物检疫对象不违反法律规定,且不带有规定的病虫害及临时规定的病虫害,或经消毒处理后不会造成经济损失的,按照合格处理并发放检疫合格证明。

韩国《各类植物文件、现场检疫方法和实验室精密检疫方法》规定了不同植物应采取的检疫方法。对于生姜粉及-17.8 ℃以下冷冻的生姜属于文件检疫对象,进口时韩国检疫时会确认进口检疫申请书、植物检疫证明等相关文件，豁免现场检疫及实验室精密检疫。对于非种植用生姜、山药、芋头等根菜类，采用现场检疫及实验室精密检疫方式进行检疫。

现场检疫主要检疫是否禁止进口植物或沾有泥土、是否有病虫害等，重点检查以下部位：

(1)植物表面的斑点、变色、腐败、黑灰、嘎巴部位。

(2)有虫蚀痕迹、产卵痕迹、虫子粪便、蜘蛛网的部位。

(3)植物重叠或起皱部位。

(4)根菜类会切开确认内部有无病斑、线虫感染部位。

实验室精密检疫用样品属于受病虫害感染或可能感染的植物，带皮生姜、未清洗或去皮的根菜类的情况，会按照实验室精密检疫样品采集标准采集检疫用样品，主要进行表2-60中病状、害虫、线虫分离检验。

表 2-60　病状、害虫、线虫分离检验

检验类型		检验对象	方法
病状	真菌及细菌检验	斑点、腐烂、变色、嘎巴等霉病或细菌病症状的样品	湿地培养检验法、琼脂培养检验法、血清学检验法、细菌检测仪检验法、基因诊断法等
	病毒、类病毒、植原体检验	a.植物上有斑点、变黄、枯萎、条纹等病毒病或类病毒病症状或可能受其感染的样品； b.带根的鳞茎菜类及7—10月进口的成熟大蒜，但成熟大蒜仅限7—10月进口的运送或保存在0 ℃以下冷冻处理不到5 d的产品，不包括分葱、洋葱和不成熟的清洗的大蒜	血清学检验法、电子显微镜法、基因诊断法、生物学检验法等
害虫		利用显微镜等实验室设备检验委托样本有无害虫	根菜类及马铃薯、红薯检查有孔部位和腐烂部位有无害虫
		低温状态的蔬菜类在25～30 ℃下放置1～2 h后检验	
线虫分离检验		a.未去皮的马铃薯、红薯； b.带皮生姜、未清洗或去皮的根菜类； c.带根的鳞茎菜类及7—10月进口的成熟大蒜，但成熟大蒜仅限7—10月进口的运送或保存在0 ℃以下冷冻处理不到5 d的产品，不包括分葱、洋葱和不成熟的清洗的大蒜	漏斗法、直接镜检法、筛分法、离心分离法、浸渍法、贝尔曼漏斗法、粉碎分离法等

综上所述，生姜出口到韩国需要随附植物检疫证明，从韩国规定的港口、机场、车站等进口，并接受韩国检疫部门的检疫，确认是否韩国禁止进口植物或沾有泥土、是否有病虫害等，重点检查部位是否合格等。

2.3.6　日本

厚生劳动省负责进口食品的监管，农林水产省负责进口动植物的检疫。对于生姜等初级农产品，进口日本时因应经过两道程序的检验。首先，根据《植物防疫法》，为防止有害动植物等的携带入境，生姜进口时应经过农林水产省下属的植物检疫所的检疫。其中，根据该法第六条的规定，中国出口日本的生姜应提供政府发行的检疫证明书。对于生姜的检疫，应按照该法第八条的规定，在进口时立即通知植物检疫所，保证植物及容器包装完好无损，由植物检疫官检查是否禁止进口产品及是否含有有害动植物。根据《进口植物检疫规程》第三条的规定，当检出《植物防疫法实施规则》附表 2 中所列的有害动植物时，应将整批货物进行焚烧或同等效果的处理；当检出附表外的有害动植物时，应按照植物类别进行处理，处理措施如表 2-61 所示。

表 2-61　检疫有害动植物处理措施

植物	检疫有害动植物	措施	
生鲜果实及生鲜蔬菜	南瓜、西瓜、甜瓜等； 莴苣、萝卜、圆白菜、黄瓜、红薯、生姜、芹菜、洋葱、番茄、茄子、胡萝卜、大蒜、白菜、生菜等； 丝葱、芦笋、朝鲜蓟、土当归、菜花、绿花椰菜、苦竹、野姜、薤、韭葱等； 草莓、豌豆、辣椒、紫苏、菊苣、抱子甘蓝等以及切丝蔬菜	Heterodera cruciferae、草莓象鼻虫、欧洲粉蝶、马铃薯叶蝉、辣椒实蝇、黄瓜果实蝇	焚烧所有检查货物
		Tetranychus pacificus、番茄斑潜蝇、Trioza apicalis、Bactericera cockerelli、Bactericera nigricornis、frankliniella surtsey、蔬菜叶象甲、萝卜黄叶病、大白菜黑斑病菌、寡雄腐霉、番茄溃烂病菌	对所有携带检疫有害动物的检查货物进行熏蒸或焚烧处理； 对所有携带检疫有害植物的检查货物或携带检疫有害植物的部分进行焚烧处理
		尖尾蝇科、花蝇	对所有携带检疫有害动物的检查货物或携带检疫有害动物的部分进行熏蒸或焚烧处理； 对所有携带检疫有害植物的检查货物进行焚烧处理

另外，根据植物检疫所的进口条件数据库，自 2020 年 1 月 29 日起，中国产姜科植物在种植地期间应进行香蕉根结线虫的检疫。在经过植物检疫所检疫合格后，进口生姜应按照《食品卫生法》规定的进口程序进行农兽药、真菌毒素等食品卫生指标方面的检查。

第3章 生姜出口预警及国内抽检风险分析

3.1 生姜出口预警分析

通过汇总统计2016—2021年欧盟、美国、澳大利亚、加拿大、日本、韩国官方发布的对华预警产品信息,我国出口至美国、韩国、欧盟、日本的生姜均被通报过不合格信息,共计不合格生姜28批次。各国/组织对华生姜预警数量见图3-1。

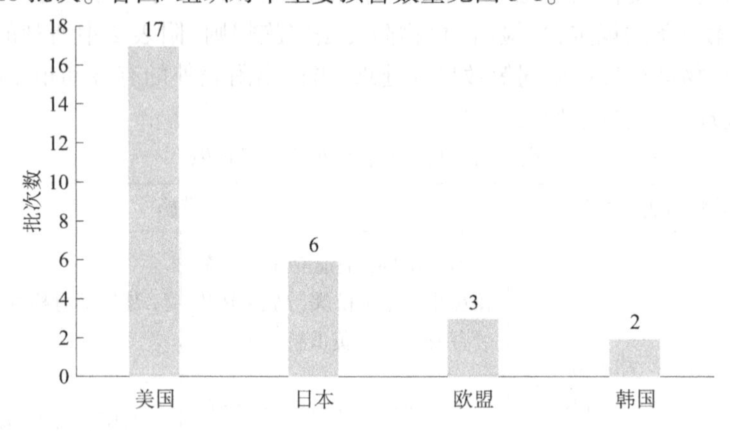

图3-1 各国/组织对华生姜预警数量统计

28批次不合格生姜产品主要不合格原因为农药残留超标,占总不合格数的67.7%,包括噻虫嗪超标5批次,吡虫啉超标3批次,灭蝇胺超标2批次,乐果、克百威、毒死蜱和咯菌腈超标各1批次,以及未通报具体超标农药品种7批次。对华预警生姜不合格原因如表3-1所示。

表3-1 对华预警生姜不合格原因统计

不合格原因分类	不合格原因	不合格原因数量/批次	占比/%
农药(22批次,占67.7%)	农药	7	22.6
	噻虫嗪	5	16.1
	吡虫啉	3	9.7
	灭蝇胺	2	6.5
	乐果	1	3.2
	克百威	1	3.2
	毒死蜱	1	3.2
	咯菌腈	1	3.2

续表 3-1

不合格原因分类	不合格原因	不合格原因数量/批次	占比/%
其他类(3 批次,占 9.7%)	不宜食用	2	6.5
	资料不全	1	3.2
食品添加剂(2 批次,占 6.5%)	亚硫酸盐	1	3.2
	阿斯巴甜	1	3.2
污染物(2 批次,占 6.5%)	铅	2	6.5
质量指标(2 批次,占 6.5%)	卫生要求	1	3.2
	感官	1	3.2
非法添加(1 批次,占 3.2%)	苯基苯酚	1	3.2
总计	—	31	100.0

注:由于同一批次产品可能会出现多个不合格原因,因此不合格原因次数之和大于产品批次数。

3.1.1　美国

美国共计通报我国不合格生姜产品 17 批次,主要不合格原因为农残超标,占所有不合格原因的 60.0%,包括吡虫啉和灭蝇胺超标各 2 批次,乐果和毒死蜱超标各 1 批次,以及未通报具体超标农药品种 6 批次。美国对华预警生姜不合格原因如表 3-2 所示。

表 3-2　美国对华预警生姜不合格原因统计

不合格原因分类	不合格原因	不合格原因数量/批次	占比/%
农药(12 批次,占 60.0%)	农药	6	30.0
	吡虫啉	2	10.0
	灭蝇胺	2	10.0
	乐果	1	5.0
	毒死蜱	1	5.0
其他类(3 批次,占 15.0%)	不宜食用	2	10.0
	资料不全	1	5.0
质量指标(2 批次,占 10.0%)	卫生要求	1	5.0
	感官	1	5.0
污染物(1 批次,占 5.0%)	铅	1	5.0
食品添加剂(1 批次,占 5.0%)	亚硫酸盐	1	5.0
非法添加(1 批次,占 5.0%)	苯基苯酚	1	5.0
总计	—	20	100.0

3.1.2　欧盟

欧盟共计通报我国不合格生姜产品 3 批次，不合格原因为农残超标 1 批次，含有未申报的食品添加剂阿巴斯甜 1 批次，污染物铅超标 1 批次。

3.1.3　日本

日本共计通报我国不合格生姜产品 6 批次，不合格原因为农药噻虫嗪超标 5 批次，农药咯菌腈超标 1 批次。

3.1.4　韩国

韩国共计通报我国不合格生姜产品 2 批次，不合格原因为农药克百威和吡虫啉超标各 1 批次。

3.2　生姜国内抽检预警分析

根据潍坊第三方实验室提供的生姜中农残检出结果分析可知，噻虫嗪、噻虫胺、噻唑膦、矮壮素、苯醚甲环唑、吡虫啉、六六六、涕灭威亚砜和灭蝇胺在生姜中的检出率较高。国内生姜中农残检出结果见表 3-3～表 3-5。

表 3-3　潍坊第三方实验室检出阳性数据

品种	原料来源	种植期用药	储存期用药	农残检测检出情况
生姜	山东	六六六、涕灭威、百菌清、甲胺磷、甲拌磷、毒死蜱、氟虫腈、乙草胺、嘧霉胺、虫酰肼、异丙威、多效唑、噻虫嗪	六六六（多年前常用农药）、嘧霉胺、虫酰肼、磷化铝、多菌灵	噻虫嗪 17 次
				六六六 6 次
				涕灭威亚砜 5 次
				噻虫胺 2 次
				涕灭威砜 1 次
				克百威 1 次
				多菌灵 1 次
				哒螨酮 1 次

表 3-4　潍坊第三方实验室 2021 年检出情况

名称	数量/个	农药名称	检出量/个	检出率/%
生姜	1 273	噻虫嗪	27	2.12
		苯醚甲环唑	10	0.79
		吡虫啉	9	0.71
		噻唑膦	8	0.63
		噻虫胺	7	0.55

续表 3-4

名称	数量/个	农药名称	检出量/个	检出率/%
生姜	1 273	毒死蜱	3	0.24
		克百威	3	0.24
		敌敌畏	1	0.08

表 3-5　2021 年 1—5 月生姜农残分析

样品类型	农药名称	日本限值/（mg/kg）	检出农残数量/个	委托检测所列参数样品/个	检出率/%
			≥0.01（mg/kg）		≥0.01（mg/kg）
生姜	噻唑膦	0.2	156	677	23.04
生姜	矮壮素	0.01	151	677	22.30
生姜	噻虫胺	0.02	132	677	19.50
生姜	噻虫嗪	0.02	49	677	7.24
生姜	灭蝇胺	0.05	52	677	7.68
生姜	毒死蜱	0.01	25	677	3.69
生姜	噁草酮	0.01	24	677	3.55
生姜	联苯菊酯	0.05	17	677	2.51
生姜	异丙威	0.01	14	677	2.07
生姜	敌百虫	0.5	2	677	0.30
生姜	敌敌畏	0.1	11	677	1.62
生姜	3-羟基克百威	0.5	12	677	1.77
生姜	克百威	0.5	10	677	1.48
生姜	甲拌磷亚砜	0.05	13	677	1.92
生姜	甲拌磷砜	0.05	14	677	2.07
生姜	pp-DDE	0.3	5	677	0.74
生姜	BHC	0.01	4	677	0.59
生姜	氯菊酯	3	6	677	0.89
生姜	吡虫啉	0.3	48	677	7.09
生姜	溴虫腈	0.05	46	677	6.79
生姜	甲霜灵	1	55	677	8.12
生姜	辛硫磷	0.02	13	677	1.92
生姜	氯虫苯甲酰胺	0.01	11	677	1.62
生姜	苯醚甲环唑	0.01	2	677	0.30

续表 3-5

样品类型	农药名称	日本限值/(mg/kg)	检出农残数量/个	委托检测所列参数样品/个	检出率/%
			≥0.01(mg/kg)		≥0.01(mg/kg)
生姜	烯酰吗啉	0.01	2	677	0.30
生姜	二甲戊灵	0.01	2	677	0.30
生姜	多菌灵	3	2	677	0.30

注:1—5 月生姜检测总量为 1 275 个。

第 4 章　世界知名食品展会概述

世界知名食品展会基本情况见表 4-1。

表 4-1　世界知名食品展会基本情况

展会名称	简介	网址
德国科隆食品展/Anuga	科隆国际糖果原料和机械展览会作为专业供应体系的展览会,在糖果甜食行业占据举足轻重的地位	
法国巴黎食品展	法国食品及饮料展 SIAL 于 2020 年 10 月开展,由爱博展览集团主办,爱博展览集团是法国第一大展览集团,世界十大展览集团之一,每年主办近 60 个专业展览会。法国巴黎国际食品及饮料博览会创建于 1964 年,迄今已有 50 多年的历史。该展与德国的 Anuga 食品展每年交错举行,是整个欧洲乃至世界最大的食品行业盛会	https://www.showguide.cn/zhanhui/sial.html
俄罗斯国际食品展	俄罗斯国际食品展是得到 UFI(全球展览协会)和 AEO 认证的国际性重要展会。每年一度的"莫斯科国际食品展览会"是俄罗斯以及东欧地区食品饮料行业内最有影响力的展览会。该展会由著名的英国 ITE 展览集团主办,得到了俄罗斯农业部以及莫斯科市政府的鼎力支持。随着俄罗斯食品业的日益繁荣,展会规模以及影响力逐年提高,连续增开新馆。几十年来,该展帮助俄罗斯及国际生产商在食品市场获取商机,为今日俄罗斯的许多行业领导者提供绝佳的创新及发展的展示平台。随着俄罗斯食品业的日益繁荣,莫斯科国际食品展览会的规模和专业观众数量都在逐年提高,持续体现着俄罗斯当地快速发展的食品市场的最新情况	https://www.qufair.com/convention/17954.shtml?bd_vid=8327099009382136517
美国纽约优质食品展览会夏季 Summer Fancy Food Show	美国纽约优质食品展览会夏季 Summer Fancy Food Show 首届举办于 1955 年,至今已有将近 70 年的历史,主办方为美国专业食品贸易国家协会(NASFT, National Association for the Specialty Food Trade, Inc.)。NASFT 成立于 1952 年,是一个非营利的商业贸易协会,由国内和国外专业食品行业的生产商、进口商、批发商、经纪商、零售商、餐馆、公共饮食业主以及其他专业人士组成,致力于培养和鼓励专业食品行业的商业和贸易。现今,NASFT 在美国和海外拥有 2 900多家会员企业	https://www.qufair.com/convention/16459.shtml http://www.foodmate.net/exhibit/show-3371.html

续表 4-1

展会名称	简介	网址
日本国际食品与饮料展览会	日本国际食品与饮料展览会,是亚太地区规模大、声誉高、品种齐全、交易量大的食品专业展会,是全世界规模第三大的食品和饮料展览会。该展会自 1976 年起每年举办,至 2019 年将迎来第 44 届,作为参展商及参观者双方拓展商机的最佳场所,每次均获得有关人士的高度评价	https://www. trustexporter. com/zhanweitanwei/o4851086.htm
迪拜海湾食品展	该展始创于 1987 年,是中东及北非地区最大、最重要的行业盛会。Gulfood 对于买卖双方来说都是一个极具战略性的商务平台,为双方提供了面对面洽谈商务合作事宜的机会。同时展会也为来自世界各地的食品行业的制造商、经销商和供应商提供了展示最新展品以及寻求商机的平台	http://www. sohu. com/a/298451885_99928132
欧洲国际食品配料及技术展 FIE(Fi Europe)	欧洲国际食品配料及技术展(Fi Europe)由全球闻名的 UBM International Media 公司主办,每两年一届,Fi Europe 在 1986 年首次推出,Fi Europe 现已成长为全球食品配料行业的贸易峰会和行业的风向标。据统计已有超过 500 000 人参加了这场盛会和创造了数十亿欧元的业务。Fi Europe 每两年在欧洲主要城市举办一届,汇集了世界领先的食品和饮料供应商,研发、生产和营销专家和展示最多样化的创新的成分和服务范围	http://www. foodmate. net/exhibit/show-3350.html
意大利米兰国际酒店用品展会 HOST 贸易展	第 40 届活动证实了在 Ho.Re.Ca 领域、餐饮业、零售业、零售分销以及餐饮行业的绝对领导者地位,是顶级玩家预览的首选地点,在食品(设备)和食品类产品(原材料,半成品)处理方面的技术创新,在咖啡世界、格式、设计和生活方式以及独特的市场中,和精心挑选的具有较高的消费能力的专业人士发生高品质的国际业务关系。Host 展会是针对 Ho.Re.Ca 领域的全球参考点,一个为所有走出家门和特权地方的专业人士了解最新市场动态的不可错失的机会。2017 年 10 月 20—24 日,米兰再度成为"专业迎宾的商业之都"。14 个展馆将生产和公共服务领域集为一体,分析产品领域和每个公司的具体情况,从而保证投资的最大化收益。参观者通过展会内部供应链的功能路径通道可以优化可用的时间和参观的经历,所有这一切以保证公司和专业人士的最大满意度,并确认 Host 为来自世界各地展示经验、技术、质量和创新的理想场所	http://www. foodmate. net/exhibit/show-3353.html

续表 4-1

展会名称	简介	网址
美国国际烘焙业展览会	美国国际烘焙业展览会创办于 1920 年,至今已经成为北美本行业中规模最大、内容最丰富的行业盛会,亦吸引了来自全球各地的谷类食品行业的世界级公司,IBIE 在国际市场上以 Baking ExpoSM 而著称,参展企业展示的产品从食品原材料到加工设备,一应俱全	http://www. foodmate. net/exhibit/show-3064.html
日本国际制药原料及配料展览会	亚洲领先的专注于制药原料及配料的 B2B 商贸展览会。2018 年,展会汇集了 1 710 家来自世界各地的参展商,有 56 000名业界观众前来展会参观。其中有来自日本医药品行业的领军人物都汇聚此地	http://www. foodmate. net/exhibit/show-3115.html

参考资料

CAC

农药:《食品和饲料中农药残留限量数据库》(Database for pesticides residue limits in food and feed)

链接:http://www.fao.org/fao-who-codexalimentarius/codex-texts/dbs/pestres/en/

污染物:《食品和饲料中污染物和毒素的通用标准》(CODEX STAN 193-1995)

链接:http://www.fao.org/fao-who-codexalimentarius/codex-texts/list-standards/en/

中国大陆

农药:《食品安全国家标准食品中农药最大残留限量》(GB 2763—2016)

链接:http://www.nhfpc.gov.cn/sps/s7891/201702/ed7b47492d7a42359f839daf3f70eb4b.shtml

污染物:《食品安全国家标准食品污染物限量》(GB 2762—2017)

链接:http://www.nhfpc.gov.cn/sps/s7891/201704/b83ad058ff544ee39dea811264878981.shtml

《关于三聚氰胺在食品中的限量值的公告》(2011 年第 10 号)

链接:http://www.nhc.gov.cn/sps/s7891/201104/9f1311e1e97649f3a26a6b7f7b3d7ae3.shtml

放射性物质:《食品中放射性物质限制浓度标准》(GB 14882—1994)

中国台湾

农药:《农药残留容许量标准》

链接:http://law.moj.gov.tw/LawClass/LawContent.aspx?PCODE=L0040083

污染物:《食品中污染物质及毒素卫生标准》

链接:https://consumer.fda.gov.tw/Law/Detail.aspx?nodeID=518&lawid=741

放射性物质:《食品辐射照射处理标准》

链接:https://consumer.fda.gov.tw/Law/Detail.aspx?nodeID=518&lawid=138

《食品中原子尘或放射能污染安全容许量标准》

链接:https://consumer.fda.gov.tw/Law/Detail.aspx?nodeID=518&lawid=645&k=%u98DF%u54C1%u4E2D%u539F%u5B50%u5C18%u6216%u653E%u5C04%u80FD%u6C61%u67D3

微生物:《生食用食品类卫生标准》

链接:https://consumer.fda.gov.w/Law/Detail.aspx?nodeID=518&lawid=97

中国香港

农药:《食物内除害剂残余规例》(第 132CM 章)

链接:https://www.elegislation.gov.hk/hk/cap132CM!sc@2015-01-29T00:00:00

污染物:《食物内有害物质规例》(第 132AF 章)

链接:https://www.elegislation.gov.hk/hk/cap132AF!sc@2012-08-02T00:00:00

《食物搀杂(金属杂质含量)规例》(第132V章)

链接:https://www.elegislation.gov.hk/hk/cap132V!sc@2000-05-26T00:00:00

《食物内矿物油规例》(第132AR章)

链接:https://www.elegislation.gov.hk/hk/cap132AR!sc@2000-01-01T00:00:00

微生物:《食品微生物含量指引》

链接:https://www.cfs.gov.hk/sc_chi/food_leg/food_leg.html

《植物(进口管制及病虫害控制)条例》(Plants (Import Control and Pest Control) Regulations),第207章

链接:https://www.elegislation.gov.hk/hk/cap207!sc

《食物内除害剂残余规例》(Pesticide Residues in Food Regulation),第132CM章

链接:https://www.elegislation.gov.hk/hk/cap132CM!sc@2015-01-29T00:00:00

《食物搀杂(金属杂质含量)规例》(Food Adulteration (Metallic Contamination) Regulations),第132V章

链接:https://www.elegislation.gov.hk/hk/cap132V!sc@2019-09-19T00:00:00?INDEX_CS=N

《食物内有害物质规例》(Harmful Substances in Food Regulations),第132AF章

链接:https://www.elegislation.gov.hk/hk/cap132AF!sc@2012-08-02T00:00:00

美国

水果和蔬菜进口需求数据库(Fruits and Vegetables Import Requirements).

链接:https://epermits.aphis.usda.gov/manual/index.cfm?CFID=1341231&CFTOKEN=51110730f6787ef8-0A43C8A0-96CF-867C-F7B661748E23F669&ACTION=pubHome

进口蔬菜水果的一般要求(General requirements for all imported fruits and vegetables), 7 CFR 319.56-3.

链接:https://www.ecfr.gov/cgi-bin/text-idx?SID=aac996cb9448578a09ce5a384be7db06&mc=true&node=se7.5.319_156_63&rgn=div8

农药:《食品中农药残留限量及豁免》(40 CFR PART 180)

链接:http://www.ecfr.gov/cgi-bin/text-idx?SID=e421fb7eb5734e64a4c34c4515c0110a&node=40:24.0.1.1.27&rgn=div5

污染物:《行业指南:人类食品及动物饲料中有毒或有害物质的行动水平》

链接:https://www.fda.gov/regulatory-information/search-fda-guidance-documents/guidance-industry-action-levels-poisonous-or-deleterious-substances-human-food-and-animal-feed

毒素:《食品中黄曲霉毒素污染残留》(CPG Sec. 555.400)

链接:https://www.fda.gov/regulatory-information/search-fda-guidance-documents/cpg-sec-555400-foods-adulteration-aflatoxin

欧盟

防止有害植物或植物产品的生物进入共同体并防止其在共同体内传播的保护措施

(on protective measures against the introduction into the Community of organisms harmful to plants or plant products and against their spread within the Community), DIRECTIVE 2000/29/EC

链接:https://eur-lex.europa.eu/legal-content/EN/ALL/?uri=CELEX:32000L0029&qid=1567061912146

关于防止植物有害生物保护措施(Regulation (EU) 2016/2031 of the European Parliament of the Council of 26 October 2016 on protective measures against pests of plants, amending Regulations (EU) No 228/2013, (EU) No 652/2014 and (EU) No 1143/2014 of the European Parliament and of the Council and repealing Council Directives 69/464/EEC, 74/647/EEC, 93/85/EEC, 98/57/EC, 2000/29/EC, 2006/91/EC and 2007/33/EC), Regulation (EU) 2016/2031

链接:https://eur-lex.europa.eu/legal-content/EN/ALL/?uri=CELEX:32016R2031

高风险植物,植物产品或其他物品的临时清单(establishing a provisional list of high risk plants, plant products or other objects, within the meaning of Article 42 of Regulation (EU) 2016/2031 and a list of plants for which phytosanitary certificates are not required for introduction into the Union, within the meaning of Article 73 of that Regulation), IMPLEMENTING REGULATION (EU) 2018/2019

链接:https://eur-lex.europa.eu/legal-content/EN/ALL/?uri=uriserv:OJ.L_.2018.323.01.0010.01.ENG

农药:《动植物源性食品和饲料中农药最大残留限量》((EC) No 396/2005)

链接:https://eur-lex.europa.eu/legal-content/EN/ALL/?uri=CELEX:32005R0396&qid=1554960335018

污染物:《食品中特定污染物的最大残留限量》((EC) No 1881/2006)

链接:https://eur-lex.europa.eu/legal-content/EN/ALL/?uri=CELEX:32006R1881&qid=1554960720073

微生物:《食品微生物标准》((EC) No 2073/2005)

链接:https://eur-lex.europa.eu/legal-content/EN/ALL/?uri=CELEX:32005R2073&qid=1554960840863

澳大利亚 新西兰

澳大利亚农药:澳新食品标准法典-附表20-农兽药最大残留限量(仅适用于澳大利亚)

链接:https://www.legislation.gov.au/Series/F2015L00468

新西兰农药:《农业化合物最大残留限量》

链接:https://www.mpi.govt.nz/processing/agricultural-compounds-and-vet-medicines/maximum-residue-levels-for-agricultural-compounds/

澳新污染物和毒素:澳新食品标准法典-附表19-污染物和天然毒素的最大限量

链接:https://www.comlaw.gov.au/Series/F2015L00454

澳新微生物:澳新食品标准法典-附表27-食品微生物限量

链接:https://www.legislation.gov.au/Series/F2015L00453

生姜进口卫生标准(IHS)草案(Draft IHS for Importing Fresh Ginger for Human Consumption).

链接: https://www. biosecurity. govt. nz/news-and-resources/consultations/draft-ihs-for-importing-fresh-ginger-for-human-consumption/

日本

农药:《日本农兽药肯定列表制度》(厚生省令第370号)

链接:http://db.ffcr.or.jp/front/

真菌毒素:《关于含有总黄曲霉毒素食品的管理》(食安发0331第5号)

链接:https://www.mhlw.go.jp/web/t_doc?dataId=00tb7040&dataType=1&pageNo=1

放射性物质:《关于部分修改乳及乳制品的成分规格的相关省令、基于乳及乳制品的成分规格相关省令别表的二(一)(1)的规定修改部分厚生劳动大臣规定的放射性物质及食品、添加剂等的规格标准的相关事宜》(食安发0315第1号)

链接:https://www.mhlw.go.jp/shinsai_jouhou/dl/tuuchi_120316.pdf

《植物防疫法》

链接:https://elaws.e-gov.go.jp/search/elawsSearch/elaws_search/lsg0500/detail?lawId=325AC0000000151

《植物防疫法实施规则》

链接:https://elaws.e-gov.go.jp/search/elawsSearch/elaws_search/lsg0500/detail?lawId=325M50010000073

《进口植物检疫规程》

链接:http://www.maff.go.jp/pps/j/law/houki/kokuji/kokuji_9_html_9.html

韩国

《食品法典》

链接:http://www.foodsafetykorea.go.kr/foodcode/01_01.jsp

《植物防疫法》

链接: http://www. law. go. kr/lsInfoP. do? lsiSeq = 167998&ancYd = 20150203&efYd = 20150203&ancNo=13141#0000

《各类植物文件、现场检疫方法和实验室精密检疫方法》

链接: http://www. law. go. kr/admRulSc. do? tabMenuId = tab107&query =% EC% 8B% 9D% EB% AC% BC% EB% B3% 84% 20% EC% 84% 9C% EB% A5% 98% C2% B7% ED% 98% 84%EC%9E% A5% EA% B2% 80% EC% 97% AD% EB% B0% A9% EB% B2% 95% EA% B3% BC%20% EC% 8B% A4% ED% 97% 98% EC% 8B% A4% EC% A0% 95% EB% B0% 80% EA% B2%80#liBgcolor0

附　件

附件 1　欧盟生姜农药残留限量标准(部分摘录)

序号	农药中文名称	农药英文名称	欧盟		
			食品中文名称	食品英文名称	最大残留限量/(mg/kg)
1	1, 1-二氯-2, 2-二(4-乙苯基)乙烷	1,1-dichloro-2,2-bis(4-ethylphenyl) ethane	姜	Ginger	0.01*
2	1, 2-二溴乙烷	1,2-dibromoethane (ethylene dibromide)	姜	Ginger	0.01*
3	1,2 二氯乙烷	1,2-dichloroethane (ethylene dichloride)	姜	Ginger	0.01*
4	1, 3-二氯丙烯	1,3-Dichloropropene	姜	Ginger	0.01*
5	1, 4-二甲基萘(1,4-DMN)	1,4-Dimethylnaphthalene	姜	Ginger	0.01
6	1-甲基环丙烯	1-methylcyclopropene	姜	Ginger	0.01*
7	1-萘基乙酰胺和 1-萘基乙酸	1-Naphthylacetamide and 1-naphthylacetic acid	姜	Ginger	0.06*
8	2, 4, 5-涕	2,4,5-T	姜	Ginger	0.01*
9	2, 4-滴	2,4-D	姜	Ginger	0.05*
10	2, 4-滴丁酸	2,4-DB	姜	Ginger	0.01*
11	由使用三氟磺隆得到的 2-氨基-4-甲氧基-6-(三氟甲基)-1,3,5-三嗪(AMTT)	2-amino-4-methoxy-6-(trifluormethyl)-1,3,5-triazine (AMTT), resulting from the use of tritosulfuron	姜	Ginger	0.01*
12	2-萘氧乙酸	2-naphthyloxyacetic acid	姜	Ginger	0.01*
13	2-苯基苯酚(2-苯基苯酚及其共轭物的总和,以 2-苯基苯酚表示)	2-phenylphenol (sum of 2-phenylphenol and its conjugates, expressed as 2-phenylphenol)	姜	Ginger	0.01*
14	3-癸烯-2-酮	3-decen-2-one	姜	Ginger	0.1*
15	8-羟基喹啉	8-hydroxyquinoline	姜	Ginger	0.01*
16	阿灭丁(阿维菌素)	Abamectin	姜	Ginger	0.01*
17	乙酰甲胺磷	Acephate	姜	Ginger	0.01*

续附件 1

序号	农药中文名称	农药英文名称	欧盟		
			食品中文名称	食品英文名称	最大残留限量/(mg/kg)
18	灭螨醌	Acequinocyl	姜	Ginger	0.01*
19	啶虫脒	Acetamiprid	姜	Ginger	0.01*
20	乙草胺	Acetochlor	姜	Ginger	0.01*
21	苯并噻二唑	Acibenzolar-S-methyl	姜	Ginger	0.01*
22	苯草醚	Aclonifen	姜	Ginger	0.07
23	氟丙菊酯和它的对映异构体	Acrinathrin and its enantiomer	姜	Ginger	0.02*
24	甲草胺	Alachlor	姜	Ginger	0.01*
25	涕灭威	Aldicarb	姜	Ginger	0.02*
26	艾氏剂和狄氏剂	Aldrin and Dieldrin	姜	Ginger	0.01*
27	唑嘧菌胺	Ametoctradin	姜	Ginger	0.01*
28	酰嘧磺隆	Amidosulfuron	姜	Ginger	0.01*
29	吲唑磺菌胺	Amisulbrom	姜	Ginger	0.01*
30	双甲脒	Amitraz	姜	Ginger	0.05*
31	杀草强	Amitrole	姜	Ginger	0.01*
32	敌菌灵	Anilazine	姜	Ginger	0.01*
33	蒽醌	Anthraquinone	姜	Ginger	0.01*
34	杀螨特	Aramite	姜	Ginger	0.01*
35	磺草灵	Asulam	姜	Ginger	0.05*
36	莠去津	Atrazine	姜	Ginger	0.05*
37	印楝素	Azadirachtin	姜	Ginger	1
38	四唑嘧磺隆	Azimsulfuron	姜	Ginger	0.01*
39	益棉磷	Azinphos-ethyl	姜	Ginger	0.02*
40	甲基谷硫磷	Azinphos-methyl	姜	Ginger	0.05*
41	三唑锡和三环锡(总和，以三环锡计)	Azocyclotin and Cyhexatin (sum of azocyclotin and cyhexatin expressed as cyhexatin)	姜	Ginger	0.01*
42	嘧菌酯	Azoxystrobin	姜	Ginger	1

续附件 1

序号	农药中文名称	农药英文名称	欧盟		
			食品中文名称	食品英文名称	最大残留限量/（mg/kg）
43	燕麦灵	Barban	姜	Ginger	0.01*
44	氟丁酰草胺	Beflubutamid	姜	Ginger	0.02*
45	苯霜灵，包括其他混和异构体及精苯霜灵及其异构体之和	Benalaxyl including other mixtures of constituent isomers including benalaxyl-M (sum of isomers)	姜	Ginger	0.05*
46	氟草胺	Benfluralin	姜	Ginger	0.02*
47	苄嘧磺隆	Bensulfuron-methyl	姜	Ginger	0.01*
48	排草丹	Bentazone	姜	Ginger	0.03*
49	苯噻菌胺	Benthiavalicarb	姜	Ginger	0.01*
50	氯化苯甲烃铵	Benzalkonium chloride	姜	Ginger	0.1
51	苯并烯氟菌唑	Benzovindiflupyr	姜	Ginger	0.01*
52	氟吡草酮	bicyclopyrone	姜	Ginger	0.01
53	联苯肼酯	Bifenazate	姜	Ginger	0.02*
54	甲羧除草醚	Bifenox	姜	Ginger	0.01*
55	联苯菊酯(异构体之和)	Bifenthrin (sum of isomers)	姜	Ginger	0.05
56	联苯	Biphenyl	姜	Ginger	0.01*
57	双苯三唑醇	Bitertanol	姜	Ginger	0.01*
58	联苯吡菌胺	Bixafen	姜	Ginger	0.01*
59	骨油	Bone oil	姜	Ginger	0.01*
60	啶酰菌胺	Boscalid	姜	Ginger	2
61	溴敌隆	Bromadiolone	姜	Ginger	0.01*
62	溴离子	Bromide ion	姜	Ginger	50
63	乙基溴硫磷	Bromophos-ethyl	姜	Ginger	0.01*
64	溴螨酯	Bromopropylate	姜	Ginger	0.01*
65	溴苯腈及其盐，以溴苯腈计	Bromoxynil and its salts, expressed as bromoxynil	姜	Ginger	0.01*

续附件 1

序号	农药中文名称	农药英文名称	欧盟		
			食品中文名称	食品英文名称	最大残留限量/（mg/kg）
66	糠菌唑	Bromuconazole	姜	Ginger	0.01*
67	乙嘧酚磺酸酯	Bupirimate	姜	Ginger	0.05*
68	噻嗪酮	Buprofezin	姜	Ginger	0.01*
69	丁乐灵	Butralin	姜	Ginger	0.01*
70	丁草敌	Butylate	姜	Ginger	0.01*
71	硫线磷	Cadusafos	姜	Ginger	0.01*
72	毒杀芬	Camphechlor（Toxaphene）	姜	Ginger	0.01*
73	敌菌丹	Captafol	姜	Ginger	0.02*
74	甲萘威	Carbaryl	姜	Ginger	0.01*
75	多菌灵和苯菌灵	Carbendazim and benomyl	姜	Ginger	0.1*
76	长杀草	Carbetamide	姜	Ginger	0.01*
77	呋喃丹	Carbofuran	姜	Ginger	0.002*
78	一氧化碳	Carbon monoxide	姜	Ginger	0.01*
79	四氯化碳	Carbon tetrachloride	姜	Ginger	0.01
80	萎锈灵	Carboxin	姜	Ginger	0.03*
81	氟酮唑草	Carfentrazone-ethyl	姜	Ginger	0.01*
82	杀螟丹	Cartap	姜	Ginger	0.01
83	氯虫苯甲酰胺	Chlorantraniliprole（DPX E-2Y45）	姜	Ginger	0.06
84	氯杀螨	Chlorbenside	姜	Ginger	0.01*
85	氯草灵	Chlorbufam	姜	Ginger	0.01*
86	氯丹	Chlordane	姜	Ginger	0.01*
87	十氯酮	Chlordecone	姜	Ginger	0.02
88	溴虫腈	Chlorfenapyr	姜	Ginger	0.01*
89	杀螨酯	Chlorfenson	姜	Ginger	0.01*
90	杀螟威	Chlorfenvinphos	姜	Ginger	0.01*
91	氯草敏	Chloridazon	姜	Ginger	0.3

续附件 1

序号	农药中文名称	农药英文名称	欧盟		
			食品中文名称	食品英文名称	最大残留限量/(mg/kg)
92	矮壮素	Chlormequat	姜	Ginger	0.01 *
93	乙酯杀螨醇	Chlorobenzilate	姜	Ginger	0.02 *
94	氯化苦	Chloropicrin	姜	Ginger	0.005 *
95	百菌清	Chlorothalonil	姜	Ginger	0.3
96	绿麦隆	Chlorotoluron	姜	Ginger	0.01 *
97	枯草隆	Chloroxuron	姜	Ginger	0.01 *
98	氯苯胺灵	Chlorpropham	姜	Ginger	0.01 *
99	氯磺隆	Chlorsulfuron	姜	Ginger	0.05 *
100	氯酞酸二甲酯	Chlorthal-dimethyl	姜	Ginger	0.01 *
101	草克乐	Chlorthiamid	姜	Ginger	0.01 *
102	乙菌利	Chlozolinate	姜	Ginger	0.01 *
103	环虫酰肼	Chromafenozide	姜	Ginger	0.01 *
104	吲哚酮草酯	Cinidon-ethyl	姜	Ginger	0.05 *
105	烯草酮	Clethodim	姜	Ginger	0.5
106	炔草酯和炔草酯 S-异构体及其盐	Clodinafop and its S-isomers and their salts	姜	Ginger	0.02 *

注:“ * ”表示该最大残留限量为分析测定的下限。

附件 2　欧盟豁免农药清单(部分摘录)

序号	豁免物质中文名称	豁免物质英文名称
1	1,4-二氨基丁烷	1,4-Diaminobutane (aka Putrescine)
2	1-癸醇	1-Decanol
3	乙酸(醋酸)	Acetic acid
4	茶小卷叶蛾颗粒体病毒菌株 BV-0001	Adoxophyes orana GV strain BV-0001
5	硅酸铝	Aluminium silicate (aka kaolin)
6	乙酸铵(醋酸铵)	Ammonium acetate
7	白粉寄生菌株 AQ10	Ampelomyces quisqualis strain AQ10

续附件 2

序号	豁免物质中文名称	豁免物质英文名称
8	出芽短梗霉菌株(DSM14940 和 DSM14941)	Aureobasidium pullulans strains DSM14940 and DSM14941
9	解淀粉芽孢杆菌菌株 FZB24	Bacillus amyloliquefaciens strain FZB24
10	解淀粉芽孢杆菌菌株 MBI600	Bacillus amyloliquefaciens strain MBI600
11	解淀粉芽孢杆菌亚种菌株 D747	Bacillus amyloliquefaciens subsp. plantarum strain D747
12	强固芽孢杆菌 I-1582	Bacillus firmus I-1582
13	枯草芽孢杆菌 QST713	Bacillus subtilis strain QST713
14	球孢白僵菌 ATCC74040	Beauveria bassiana strain ATCC74040
15	球孢白僵菌菌株 GHA	Beauveria bassiana strain GHA
16	啤酒	Beer
17	苯甲酸	Benzoic acid
18	碳化钙	Calcium carbide
19	碳酸钙	Calcium carbonate
20	氢氧化钙	Calcium hydroxide
21	假丝酵母菌株 O	Candida oleophila strain O
22	癸酸	Capric acid
23	二氧化碳	Carbon dioxide
24	香芹酮	Carvone
25	Cerevisane	Cerevisane
26	壳聚糖盐酸盐	Chitosan hydrochloride
27	黏性木炭	clayed charcoal
28	盾壳霉菌株 CON/M/91-08	Coniothyrium minitans strain CON/M/91-08 (DSM 9660)
29	COS-OGA	COS-OGA
30	苹果蠹蛾颗粒体病毒	Cydia pomonella Granulovirus (CpGV)
31	磷酸二铵	Diammonium phosphate
32	问荆 L.	Equisetum arvense L.
33	乙烯	Ethylene
34	茶树提取物	Extract from Tea tree

续附件 2

序号	豁免物质中文名称	豁免物质英文名称
35	脂肪酸/月桂酸	Fatty acids / Lauric acid
36	脂肪酸 C7-C20	Fatty acids C7-C20
37	脂肪酸:脂肪酸甲酯	Fatty acids: fatty acid methyl ester
38	脂肪酸: 庚酸	Fatty acids: Heptanoic acid
39	脂肪酸: 辛酸	Fatty acids: Octanoic acid
40	脂肪酸: 癸酸	Fatty acids: Decanoic acid
41	脂肪酸: 油酸包括亚油酸乙酯	Fatty acids: Oleic acid incl ethyloleate
42	脂肪酸: 壬酸	Fatty acids: Pelargonic acid
43	脂肪酸醇/脂肪族醇类	Fatty alcohols/aliphatic alcohols
44	胡芦巴或胡芦巴籽粉	FEN 560 (also called fenugreek or fenugreek seed powder)
45	磷酸铁(磷酸铁(Ⅲ))	Ferric phosphate (Iron (Ⅲ) phosphate)
46	硫酸亚铁	Ferrous sulphate (Iron (Ⅱ) sulphate)
47	叶酸	Folic acid
48	果糖	Fructose
49	大蒜提取物	Garlic extract
50	香叶醇	Geraniol
51	赤霉酸	Gibberellic acid
52	赤霉素	Gibberellin
53	链孢粘帚霉菌株 J1446	Gliocladium catenulatum strain J1446
54	棉铃虫核型多角体病毒	Helicoverpa armigera nucleopolyhedrovirus
55	胺苯吡菌酮	Heptamaloxyloglucan
56	过氧化氢	Hydrogen peroxide
57	硅藻土	Kieselguhr (aka diatomaceous earth)
58	乳酸	Lactic acid
59	海带多糖	Laminarin
60	L-抗坏血酸	L-ascorbic acid
61	毒蝇蜡蚧菌株 Ve6	Lecanicillium muscarium strain Ve6
62	卵磷脂	Lecithins

续附件 2

序号	豁免物质中文名称	豁免物质英文名称
63	石硫合剂	Lime sulphur
64	石灰石	Limestone
65	麦芽糊精	Maltodextrin
66	癸酸甲酯	Methyl decanoate
67	甲基壬酮	Methyl nonyl ketone
68	甲基辛酸	Methyl octanoate
69	轻度的凤果花叶病毒分离 VC1	Mild Pepino Mosaic Virus isolate VC1
70	轻度的凤果花叶病毒分离 VX1	Mild Pepino Mosaic Virus isolate VX1
71	芥菜籽粉	Mustard seeds powder
72	洋葱油	Onion oil
73	橙油	Orange oil
74	玫烟色拟青霉阿波普卡菌株 97	Paecilomyces fumosoroseus apopka strain 97
75	玫烟色拟青霉菌株 FE 9901	Paecilomyces fumosoroseus strain FE 9901
76	淡紫拟青霉注册菌株 251	Paecilomyces lilacinus strain 251
77	石蜡油(CAS：97862-82-3)	Paraffin oil (CAS：97862-82-3)
78	石蜡油(CAS：8042-47-5)	Paraffin oil (CAS：8042-47-5)
79	石蜡油(CAS：72623-86-0)	Paraffin oil (CAS：72623-86-0)
80	石蜡油(CAS：64742-46-7)	Paraffin oil (CAS：64742-46-7)
81	巴斯德杆菌 PN1	Pasteuria nishizawae PN1
82	凤果花叶病毒 CH2 分离菌 1906	Pepino mosaic virus strain CH2 isolate 1906
83	胡椒	Pepper
84	大伏革菌	Phlebiopsis gigantea
85	植物油/香茅醇	Plant oils / Citronellol
86	丁香酚	Plant oils / Clove oil Eugenol
87	菜籽油	Plant oils / Rapeseed oil
88	植物油/留兰香油	Plant oils / Spearmint oil
89	碳酸氢钾	Potassium hydrogen carbonate
90	碘化钾	Potassium Iodide
91	硫氰酸钾	Potassium Thiocyanate

续附件 2

序号	豁免物质中文名称	豁免物质英文名称
92	三碘化钾	Potassium tri-iodide
93	绿针假单胞菌菌株 MA342	Pseudomonas chlororaphis strain MA342
94	石英砂	Quartz sand
95	驱虫剂：血粉	Repellants：Blood meal
96	驱虫剂：鱼油	Repellants：Fish oil
97	驱虫剂：羊油	Repellants：Sheep fat
98	驱虫剂：妥尔油	Repellants：Tall oil
99	红圆蚧引诱剂	Rescalure
100	S-脱落酸	S-abscisic acid
101	酿酒酵母菌株 LAS02	Saccharomyces cerevisiae strain LAS02
102	柳树皮	Salix spp. cortex
103	海草提取物	Seaweed extracts
104	硅铝酸钠	Sodium aluminium silicate
105	氯化钠	Sodium chloride
106	碳酸氢钠	Sodium hydrogen carbonate
107	甜菜夜蛾核型多角体病毒	Spodoptera exigua nuclear polyhedrosis virus
108	灰翅夜蛾核形多角体病毒	Spodoptera littoralis nucleopolyhedrovirus
109	链霉菌 K61	Streptomyces K61（formerly S.griseoviridis）
110	蔗糖	Sucrose
111	硫黄	Sulphur
112	硫酸	Sulphuric acid
113	葵花籽油	Sunflower oil
114	滑石粉(E553B)	Talc E553B

附件 3　欧盟撤销登记的农药清单(部分摘录)

序号	农药英文名称	农药中文名称	相关的法规
1	(4Z-9Z)-7,9-Dodecadien-1-ol	(4Z-9Z)-7,9-十二碳二烯-1-醇	2004/129/EC
2	(E)-10-Dodecen-1-yl acetate	(E)-10-十二碳烯基乙酸酯	2004/129/EC
3	(E)-2-Methyl-6-methylene-2,7-octadien-1-ol（myrcenol）	(E)-2-甲基-6-亚甲基-2,7-辛二烯-1-醇(月桂烯)	2007/442

续附件 3

序号	农药英文名称	农药中文名称	相关的法规
4	(E)-2-Methyl-6-methylene-3,7-octadien-2-ol (isomyrcenol)	(E)-2-甲基-6-亚甲基-3,7-辛二 烯-2-醇(异月桂烯)	Reg 647/2007
5	(E)-9-Dodecen-1-yl acetate	(E)-9 十二碳烯-1-基乙酸酯	2007/442
6	(E,E)-8,10-Dodecadien-1-yl acetate	(E,E)-8,10-十二碳二烯-1-基乙酸酯	2007/442
7	(E,Z)-4,7-Tridecadien-1-yl acetate	(E,Z)-4,7-十三碳二烯-1-基乙酸酯	2004/129/EC
8	(E,Z)-8,10-Tetradecadien-1-yl	(E,Z)-8,10-十四碳二烯基	2007/442
9	(E,Z)-9-dodecen-1-yl acetate; (E,Z)-9-Dodecen-1-ol; (Z)-11-Tetradecen-1-yl acetate	(E,Z)-9-十二碳烯基乙酸酯	2007/442
10	(IR)-1,3,3-Trimethyl-4,6-dioxatricyclo[3.3.1.02,7]nonane (lineatin)	(IR)-1,3,3-三甲基-4,6-二氧杂三环[3.3.1.02,7]壬烷	2007/442
11	(Z)-13-Hexadecen-11-yn-1-yl acetate	(Z)-13-十六烯-11-炔-1-基乙酸酯	Reg. (EU) 2016/638 (2008/127, Reg. (EU) 2015/418, Reg. (EU) No. 540/2011)
12	(Z)-3-Methyl-6-isopropenyl-3,4-decadien-1-yl acetate	(Z)-3-甲基-6-异丙烯基-3,4-癸二烯-1-基乙酸酯	2004/129/EC
13	(Z)-3-Methyl-6-isopropenyl-9-decen-1-yl acetate	(Z)-3-甲基-6-异丙基-9-癸烯-1-基乙酸酯	2004/129/EC
14	(Z)-5-Dodecen-1-yl acetate	(Z)-5-十二碳烯-1-基 乙酸酯	2004/129/EC
15	(Z)-7-Tetradecanole	(Z)-7-十四碳烯醇	2004/129/EC
16	(Z)-9-Tricosene (formerly Z-9-Tricosene)	(Z)-9-二十三碳烯(以前)	2004/129/EC
17	(Z,E)-3,7,11-trimethyl-2,6,10-dodecatrien-1-ol (aka Farnesol)	(Z,E)-3,7,11-三甲基-2,6,10-十二碳三烯-1-醇(aka Farnesol)	Reg. 647/2007
18	(Z,Z)-Octadien-1-yl acetate	(Z,Z) 辛二烯基乙酸酯	2004/129/EC
19	(Z,Z,Z,Z)-7,13,16,19-Docosatetraen-1-yl isobutyrate		Reg. (EU) 2016/636 (2008/127, Reg. (EU) 2015/308, Reg. (EU) No. 540/2011)

续附件 3

序号	农药英文名称	农药中文名称	相关的法规
20	1,1-dichloro-2,2-bis-(4-ethyl-phenyl-) ethane	1,1-二氯-2,2-双(4-氯苯基)乙烷	
21	1,2-Dibromoethane	1,2-二溴乙丙	79/117/EEC
22	1,2-Dichloroethane	1,2 二氯化乙烯	79/117/EEC
23	1,2-Dichloropropane	1,2-二氯丙烷	2002/2076
24	1,3,5-tri-(2-hydroxyethyl)-hexahydro-s-triazyne	1,3,5-三(2-羟乙基)-己-氢化-s-三嗪	2007/442
25	1,3-Dichloropropene (cis)	1,3-二氯丙烯(顺式)	2002/2076
26	1,3-Diphenyl urea	1,3-二苯基脲	2002/2076
27	1,7-Dioxaspiro-[5.5]-undecane	1,7-二氧杂螺[5.5] - 十一烷	Reg. 647/2007
28	1 - Methoxy - 4 - propenylbenzene (Anethole)	1-甲氧基-4-丙烯基苯（茴香脑）	2007/442
29	1-Methyl-4-isopropylidenecyclohex-1-ene (Terpinolene)	1-甲基-4-异亚丙基环己-1-烯	2007/442
30	2,3,6-TBA	草芽平,三氯苯酸	2002/2076
31	2,4,5-T	2,4,5-涕	2002/2076
32	2,6,6-Trimethylbicyclo(3.1.1)hept-2-en-4-ol	2,6,6-三甲基二环[3.1.1]庚-2-烯	2007/442
33	2,6,6-Trimethylbicyclo[3.1.1]hept-2-ene (alpha-Pinen)	2,6,6-三甲基二环[3.1.1]庚-2-烯	2007/442
34	2-(dithiocyanomethylthio)-benzothiazol	2-(二硫代氰甲基硫代) 苯并噻唑	2002/2076
35	2 - Aminobutane (aka sec - butylamine)	2-氨基丁烷	2002/2076
36	2-Benzyl-4-chlorophenol	2-苄基-4-氯苯酚	Reg. (EC) No. 2076/2002
37	2 - Ethyl - 1, 6 - dioxaspiro (4, 4) nonan (chalcogran)	2-乙基-1,6-二氧杂螺［4,4］壬烷（chalcogran）	2007/442
38	2-Hydroxyethyl butyl sulfide	2-羟乙基丁基硫醚 butyl	2007/442
39	2-Mercaptobenzothiazole	2-巯基苯并噻唑	2007/442
40	2-Methoxy-5-nitrofenol sodium salt (ISO: nitrophenolate mixture)	2-甲氧基-5-硝基苯酚钠	2007/442

续附件 3

序号	农药英文名称	农药中文名称	相关的法规
41	2-Methoxypropan-1-ol	2-甲氧基丙醇	2007/442
42	2-Methoxypropan-2-ol	2-甲氧基丙-2-醇	2007/442
43	2-Methyl-3-buten-2-ol	2-甲基-3-丁烯-2-醇	2007/442
44	2-Methyl-6-methylene-2,7-octadien-4-ol (ipsdienol)	2-甲基-6-亚甲基-2,7-辛二烯-4-醇	2007/442
45	2-Methyl-6-methylene-7-octen-4-ol (Ipsenol)	2-甲基-6-亚甲基-7-辛烯-4-醇	2007/442
46	2-Naphthyloxyacetamide	2-萘氧基乙酰胺	2007/442
47	2-Naphthyloxyacetic acid (2-NOA)	2-萘氧基乙酸	Reg. (EU) No. 1127/2011 (2009/65)
48	2-Propanol	2-丙醇	2004/129/EC
49	3(3-Benzyloxycarbonyl-methyl)-2-benzothiazolinone (Benzolinone)	3(3-苄氧基羰基 - 甲基)-2-苯并噻唑啉酮(苯甲唑啉酮)	2007/442
50	3,7,11-Trimethyl-1,6,10-dodecatrien-3-ol (aka Nerolidol)	3,7,11-三甲基-1,6,10-十二碳三烯-3-醇 (aka Nerolidol)	Reg. 647/2007
51	3,7,7-Trimethylbicyclo[4.1.0]hept-3-ene (3-Carene)	3,7,7-三甲基二环[4.1.0]庚-3-烯	2007/442
52	3,7-Dimethyl-2,6-octadienal	3,7-二甲基-2,6-辛二烯醛	2004/129/EC
53	3-Methyl-3-buten-1-ol	3-甲基-3-丁烯-1-醇	2007/442
54	3-phenyl-2-propenal (Cinnamaldehyde)	3-苯基-2-丙烯醛 (肉桂醛)	2007/442
55	4,6,6-Trimethyl-bicyclo[3.1.1]hept-3-en-ol,((S)-cis-verbenol)	4,6,6-三甲基-二环[3.1.1]庚-3-烯醇,((S)-cis-verbenol)	2007/442
56	4-Chloro-3-methylphenol	4-氯-3-甲酚	2004/129/EC
57	4-CPA (4-chlorophenoxyaceticacid = PCPA)	对氯苯氧乙酸	2002/2076
58	4-t-Pentylphenol	4-叔戊基苯酚	2002/2076
59	5-chloro-3-methyl-4-nitro-1H-pyrazole (CMNP)	5-氯-3-甲基-4-硝基-1H-吡唑	
60	7,8-Epoxi-2-methyl-octadecane	7,8-环氧-2-甲基-十八烷	2004/129/EC
61	7-Methyl-3-methylene-7-octene-1-yl-propionate	7-甲基-3-亚甲基-7-辛烯-1-基丙酸酯	2004/129/EC

续附件 3

序号	农药英文名称	农药中文名称	相关的法规
62	8-Methyl-2-decanol propanoate	8-甲基-2-癸醇丙酸酯	
63	Acephate	乙酰甲胺磷	2003/219/EC
64	Acetochlor	乙草胺	Reg. (EU) No. 1372/2011 (, 2008/934)
65	Achillea millefolium L.	蓍	Reg.(EU) 2017/2057
66	Acifluorfen	三氟羧草醚	2002/2076
67	Acridinic bases	丫啶碱	2004/129/EC
68	Active chlorine generated from sodium chloride by electrolysis'	活性氯(氯化钠通过电解产生)	
69	Agrobacterium radiobacter K84	放射野杆菌 K84	2007/442
70	Agrotis segetum granulosis virus	黄地老虎颗粒体病毒(杀虫剂)	2004/129/EC
71	Alachlor	甲草胺	06/966/EC
72	Alanycarb	棉铃威	02/311/EC
73	Aldicarb	涕灭威	2003/199/EC
74	Aldimorph	4-十二烷基-2,6-二甲基吗啉	2002/2076
75	Aldrin	艾氏剂	850/2004
76	Alkyl mercury compounds	汞制剂	79/117/EEC
77	Alkyldimethylbenzyl ammonium chloride	烷基-二甲基-苄氯化铵	2004/129/EC
78	Alkyldimethylethylbenzylammonium chloride	氯化烷基二甲基乙基苄基铵	2004/129/EC
79	Alkyloxyl and aryl mercury compounds	烷氧基和芳基汞化合物	79/117/EEC
80	Alkyltrimethyl ammonium chloride	烷基三甲基氯化铵	2002/2076
81	Alkyltrimethylbenzyl ammonium chloride	烷基三甲基苄基氯化铵	2002/2076
82	Allethrin	丙烯菊酯	2002/2076
83	Alloxydim	枯杀达,禾草灭	2002/2076
84	Allyl alcohol	丙烯醇	2002/2076
85	Ametryn	莠灭净	2002/2076
86	Amicarbazone	氨唑草酮	

续附件 3

序号	农药英文名称	农药中文名称	相关的法规
87	Amino acids：gamma aminobutyric acid	γ 氨基丁酸	2007/442
88	Amino acids：L-glutamic acid	L-谷氨酸	Reg. 647/2007
89	Amino acids：L-tryptophan	L-色氨酸	Reg. 647/2007
90	Amino acids：mix	氨基酸类化合物	2004/129/EC
91	Amitraz	双甲脒	2004/141/EC
92	Amitrole（aminotriazole）	杀草强	Reg.（EU） 2016/871 （01/21/EC, 2010/77/EU, Reg.（EU） 2015/1885, Reg.（EU） No. 540/2011）
93	Ammonium bituminosulfonate	鱼石脂磺酸铵	Reg 647/2007
94	Ammonium carbonate	碳酸铵	2007/442
95	Ammonium hydroxyde	氢氧化铵	2004/129/EC
96	Ammonium sulphamate	氨基磺酸铵	2006/797/EC
97	Ammonium sulphate	硫酸铵	2004/129/EC
98	Ampropylfos	氨丙膦酸	2002/2076
99	Ancymidol	三环苯嘧醇	2002/2076
100	Anilazine	防霉灵	2002/2076
101	Anilofos	莎稗磷	
102	Anthracene oil	蒽油	2002/2076
103	Anthraquinone	蒽醌	2008/986
104	Aramite	杀螨特	
105	Arctium lappa L.（aerial parts）	牛蒡子（地上部分）	Reg.（EU） 2015/2082
106	Artemisia absinthium L.	艾蒿	Reg.（EU） 2015/2046
107	Artemisia vulgaris L.	北艾	Reg.（EU） 2015/1191
108	Aschersonia aleyrodis	粉虱座壳孢菌	2004/129/EC
109	Asomate	福美胂	
110	Aspergillus flavus strain MUCL 54911	黄曲霉菌株 MUCL 54911	

续附件 3

序号	农药英文名称	农药中文名称	相关的法规
111	Asphalts	柏油	2007/442
112	Atrazine	莠去津	2004/248/EC
113	Aviglycine HCL	艾维生长激素	
114	Azaconazole	戊环唑	2002/2076
115	Azafenidin	唑啶草酮	02/949/EC
116	Azamethiphos	甲基吡恶磷	2002/2076
117	Azinphos ethyl	乙基谷硫磷	95/276/EC
118	Azinphos-methyl	甲基谷硫磷	Reg. 1335/2005
119	Aziprotryne	叠氮净	2002/2076
120	Azocyclotin	三唑锡	2008/296
121	Bacillus sphaericus	圆形芽胞杆菌	2007/442
122	Bacillus subtilis strain IBE 711	枯草杆菌 IBE 711	2007/442
123	Bacillus thuringiensis subsp. Tenebrionis strain NB 176 (TM 14 1)	苏云金杆菌无性系种群拟步甲菌株 NB 176 (TM 141)	2008/113, Reg. (EU) No. 540/2011
124	Baculovirus GV	杆状病毒 GV	2007/442
125	Barban	燕麦灵	2002/2076

附件 4　美国生姜农药残留限量标准(部分摘录)

序号	农药中文名称	农药英文名称	美国		
			食品中文名称	食品英文名称	最大残留限量/(mg/kg)
1	因为使用溴甲烷熏蒸消毒造成的无机溴残留	Inorganic bromide residues resulting from fumigation with methyl bromide	采收后的姜	Ginger, postharvest	100.00
2	氟化合物(冰晶石或合成冰晶石(氟化铝钠))	fluorine compounds cryolite and synthetic cryolite (sodium aluminum fluoride)	采收后的姜	Ginger, postharvest	70.00
3	硫酰氟	Sulfuryl fluoride	采收后的姜	Ginger, postharvest	0.50

续附件 4

序号	农药中文名称	农药英文名称	美国		
			食品中文名称	食品英文名称	最大残留限量/(mg/kg)
4	克菌丹	Captan	第 1 组 块根和块茎类蔬菜	Vegetable, root and tuber	0.05
5	溴甲烷	Methyl bromide	第 1 组 块根和块茎类蔬菜	Vegetable, root and tuber	3.00
6	2,4-滴	2,4-D	块根和块茎类蔬菜(土豆除外)	Vegetable, root and tuber, except potato	0.10
7	甲萘威	Carbaryl	第 1 组 块根和块茎类蔬菜(糖用甜菜和甘薯除外)	Vegetable, root and tuber, except sugar beet and sweet potato	2.00
8	百草枯	Paraquat	第 1C 亚组 块茎和球茎类蔬菜	Vegetable, tuberous and corm	0.50
9	氟乐灵	Trifluralin	第 1 组 块根和块茎类蔬菜(胡萝卜除外)	Vegetable, root and tuber, except carrot	0.05
10	敌草快	Diquat	第 1 组 块根和块茎类蔬菜	Vegetable, root and tuber	0.02
11	灭多威	Methomyl	块根和块茎类蔬菜	Vegetable, root and tuber	0.20
12	茵多杀	Endothall	块根和块茎类蔬菜	Vegetable, root and tuber	1.00
13	杀线威	Oxamyl	块茎和球茎类蔬菜	Vegetable, tuberous and corm	0.10
14	草甘膦	Glyphosate	块根和块茎类蔬菜(胡萝卜、甘薯和糖用甜菜除外)	Vegetable, root and tuber, except carrot, sweet potato, and sugar beet	0.20
15	异丙甲草胺	Metolachlor	块茎和球茎类蔬菜	Vegetable, tuberous and corm	0.20
16	甲霜灵	Metalaxyl	块根和块茎类蔬菜	Vegetable, root and tuber	0.50

续附件 4

序号	农药中文名称	农药英文名称	美国		
			食品中文名称	食品英文名称	最大残留限量/(mg/kg)
17	精吡氟禾草灵	Fluazifop-P-butyl	块茎和球茎类蔬菜(土豆除外)	Vegetable, tuberous and corm, except potato	1.50
18	西禾定	Sethoxydim	块根和块茎类蔬菜	Vegetable, root and tuber	4.00
19	氯氰菊酯和异构体和异构体 Z-氯氰菊酯	Cypermethrin and isomers alpha - cypermethrin and zeta-cypermethrin	块根和块茎类蔬菜(糖用甜菜除外)	Vegetable, root and tuber, except sugar beet	0.10
20	氯氰菊酯和异构体和异构体 Z-氯氰菊酯	Cypermethrin and isomers alpha - cypermethrin and zeta-cypermethrin	块根和块茎类蔬菜(糖用甜菜除外)	Vegetable, root and tuber, except sugar beet	0.10
21	氟啶草酮	Fluridone	块根和块茎类蔬菜	Vegetable, root and tuber	0.10
22	异恶草酮	Clomazone	块茎和球茎类蔬菜(土豆除外)	Vegetable, tuberous and corm, except potato	0.05
23	氟磺胺草醚	Fomesafen	块茎和球茎类蔬菜	Vegetable, tuberous and corm	0.025
24	溴氰菊酯	Deltamethrin	块茎和球茎类蔬菜	Vegetable, tuberous and corm	0.04
25	氟氯氰菊酯	Cyfluthrin	块茎和球茎类蔬菜	Vegetable, tuberous and corm	0.01
26	异构体 β-氟氯氰菊酯	the isomer beta - cyfluthrin	块茎和球茎类蔬菜	Vegetable, tuberous and corm	0.01
27	高效氯氟氰菊酯和异构体精高效氯氟氰菊酯	Lambda-cyhalothrin	块茎和球茎类蔬菜	Vegetable, tuberous and corm	0.02
28	联苯菊酯	Bifenthrin	块茎和球茎类蔬菜	Vegetable, tuberous and corm	0.05
29	腈菌唑	Myclobutanil	块根和块茎类蔬菜	Vegetable, root and tuber	0.03

续附件 4

序号	农药中文名称	农药英文名称	美国		
			食品中文名称	食品英文名称	最大残留限量/(mg/kg)
30	阿维菌素 B1 及其 delta-8，9-异构体	Avermectin B1 and its delta-8,9-isomer	块茎和球茎类蔬菜	Vegetable, tuberous and corm	0.01
31	烯草酮	Clethodim	块茎和球茎类蔬菜	Vegetable, tuberous and corm	1.00
32	二甲噻草胺	Dimethenamid	块茎和球茎类蔬菜	Vegetable, tuberous and corm	0.01
33	吡虫啉	Imidacloprid	块根和块茎类蔬菜(糖用甜菜除外)	Vegetable, root and tuber, except sugar beet	0.40
34	苯醚甲环唑	Difenoconazole	块茎和球茎类蔬菜	Vegetable, tuberous and corm	4.00
35	砜嘧磺隆	Rimsulfuron	块茎和球茎类蔬菜	Vegetable, tuberous and corm	0.10
36	氯吡嘧磺隆	Halosulfuron-methyl	块茎和球茎类蔬菜	Vegetable, tuberous and corm	0.05
37	抑虫肼	Tebufenozide	块茎和球茎类蔬菜(土豆除外)	Vegetable, tuberous and corm, except potato	0.015
38	多杀菌素	Spinosad	块根和块茎类蔬菜	Vegetable, root and tuber	0.10
39	甲磺草胺	Sulfentrazone	块茎和球茎类蔬菜	Vegetable, tuberous and corm	0.15
40	嘧菌酯	Azoxystrobin	块茎和球茎类蔬菜	Vegetable, tuberous and corm	8.00
41	吡丙醚	Pyriproxyfen	块根和块茎类蔬菜	Vegetable, root and tuber	0.15
42	唑草酮	Carfentrazone-ethyl	块根和块茎类蔬菜	Vegetable, root and tuber	0.10
43	咯菌腈	Fludioxonil	块茎和球茎类蔬菜	Vegetable, tuberous and corm	6.00
44	嘧霉胺	Pyrimethanil	块茎和球茎类蔬菜	Vegetable, tuberous and corm	0.05

续附件 4

序号	农药中文名称	农药英文名称	美国		
			食品中文名称	食品英文名称	最大残留限量/(mg/kg)
45	嘧菌环胺	Cyprodinil	块茎和球茎类蔬菜	Vegetable, tuberous and corm	0.01
46	甲氧虫酰肼	Methoxyfenozide	块茎和球茎类蔬菜(土豆除外)	Vegetable, tuberous and corm, except potato	0.02
47	肟菌酯	Trifloxystrobin	块茎和球茎类蔬菜	Vegetable, tuberous and corm	0.04
48	吡嗪酮	Pymetrozine	块茎和球茎类蔬菜	Vegetable, tuberous and corm	0.02
49	茚虫威	Indoxacarb	块茎和球茎类蔬菜	Vegetable, tuberous and corm	0.01
50	噻虫嗪	Thiamethoxam	块茎和球茎类蔬菜(土豆除外)	Vegetable, tuberous and corm, except potato	0.02
51	唑螨酯	Fenpyroximate	块茎和球茎类蔬菜	Vegetable, tuberous and corm	0.10
52	苯酰菌胺	Zoxamide	块茎和球茎类蔬菜	Vegetable, tuberous and corm	0.06
53	丙炔氟草胺	Flumioxazin	块茎和球茎类蔬菜	Vegetable, tuberous and corm	0.02
54	联苯肼酯	Bifenazate	块茎和球茎类蔬菜	Vegetable, tuberous and corm	0.10
55	氟啶胺	Fluazinam	块茎和球茎类蔬菜	Vegetable, tuberous and corm	0.02
56	啶虫脒	Acetamiprid	块茎和球茎类蔬菜	Vegetable, tuberous and corm	0.01
57	咪唑菌酮	Fenamidone	块茎和球茎类蔬菜	Vegetable, tuberous and corm	0.02
58	吡唑醚菌酯	Pyraclostrobin	块茎和球茎类蔬菜	Vegetable, tuberous and corm	0.04
59	噻虫胺	Clothianidin	块茎和球茎类蔬菜	Vegetable, tuberous and corm	0.30

续附件 4

序号	农药中文名称	农药英文名称	美国		
			食品中文名称	食品英文名称	最大残留限量/(mg/kg)
60	啶酰菌胺	Boscalid	块茎和球茎类蔬菜	Vegetable, tuberous and corm	0.05
61	双苯氟脲	Novaluron	块茎和球茎类蔬菜	Vegetable, tuberous and corm	0.05
62	氰霜唑	Cyazofamid	块茎和球茎类蔬菜	Vegetable, tuberous and corm	0.02
63	呋虫胺	Dinotefuran	块茎和球茎类蔬菜	Vegetable, tuberous and corm	0.05
64	螺甲螨酯	Spiromesifen	块茎和球茎类蔬菜	Vegetable, tuberous and corm	0.02
65	氟嘧菌酯	Fluoxastrobin	块茎和球茎类蔬菜	Vegetable, tuberous and corm	0.01
66	氟啶虫酰胺	Flonicamid	块茎和球茎类蔬菜	Vegetable, tuberous and corm	0.20
67	叶菌唑	Metconazole	块茎和球茎类蔬菜	Vegetable, tuberous and corm	0.04
68	噻唑菌胺	Ethaboxam	块茎和球茎类蔬菜	Vegetable, tuberous and corm	0.01
69	氟吡菌胺	Fluopicolide	块茎和球茎类蔬菜	Vegetable, tuberous and corm	0.09
70	乙基多杀菌素	Spinetoram	块根和块茎类蔬菜	Vegetable, root and tuber	0.10
71	双炔酰菌胺	Mandipropamid	块茎和球茎类蔬菜	Vegetable, tuberous and corm	0.09
72	螺虫乙酯	Spirotetramat	块茎和球茎类蔬菜	Vegetable, tuberous and corm	0.60
73	咪唑磺隆	Imazosulfuron	块茎和球茎类蔬菜	Vegetable, tuberous and corm	0.02
74	吡噻菌胺	Penthiopyrad	块茎和球茎类蔬菜	Vegetable, tuberous and corm	0.06

续附件 4

序号	农药中文名称	农药英文名称	美国		
			食品中文名称	食品英文名称	最大残留限量/(mg/kg)
75	5-(二氟乙氧基)-1-甲基-3-三氟甲基吡唑-4-甲基-4，5-2H-5，5-二甲基-1，2-恶唑-3-砜基;3-(5-二氟乙氧基-1-甲基-3-三氟甲基吡唑-4-甲砜基)-4，5-2H-5，5-二甲基 1，2-恶唑	Pyroxasulfone	块茎和球茎类蔬菜	Vegetable，tuberous and corm	0.08
76	氟吡菌酰胺	Fluopyram	块茎和球茎类蔬菜	Vegetable，tuberous and corm	0.10
77	唑嘧菌胺	Ametoctradin	块茎和球茎类蔬菜	Vegetable，tuberous and corm	0.05
78	氟唑菌苯胺	Penflufen	块茎和球茎类蔬菜	Vegetable，tuberous and corm	0.01
79	氟唑菌酰胺	Fluxapyroxad	块茎和球茎类蔬菜	Vegetable，tuberous and corm	0.02
80	氟啶虫胺腈	Sulfoxaflor	块根和块茎类蔬菜	Vegetable，root and tuber	0.05
81	啶氧菌酯	Picoxystrobin	块茎和球茎类蔬菜	Vegetable，tuberous and corm	0.03
82	氰虫酰胺	Cyantraniliprole	块茎和球茎类蔬菜	Vegetable，tuberous and corm	0.15
83	唑虫酰胺	Tolfenpyrad	块茎和球茎类蔬菜	Vegetable，tuberous and corm	0.01
84	氟吡呋喃酮	Flupyradifurone	块茎和球茎类蔬菜	Vegetable，tuberous and corm	0.05
85	联氟砜	Fluensulfone	块茎和球茎类蔬菜	Vegetable，tuberous and corm	0.80

续附件 4

序号	农药中文名称	农药英文名称	美国		
			食品中文名称	食品英文名称	最大残留限量/(mg/kg)
86	氟噻唑吡乙酮	Oxathiapiprolin	块茎和球茎类蔬菜	Vegetable, tuberous and corm	0.04
87	苯并烯氟菌唑	Benzovindiflupyr	块茎和球茎类蔬菜	Vegetable, tuberous and corm	0.02
88	Pydiflumetofen	Pydiflumetofen	块茎和球茎类蔬菜	Vegetable, tuberous and corm	0.015
89	双丙环虫酯	Afidopyropen	块茎和球茎类蔬菜	Vegetable, tuberous and corm	0.01
90	Pyrifluquinazon	Pyrifluquinazon	块茎和球茎类蔬菜	Vegetable, tuberous and corm	0.02
91	联苯吡菌胺	Bixafen	块茎和球茎类蔬菜	Vegetable, tuberous and corm	0.01
92	茵草敌	S-Ethyl dipropylthio-carbamate	根茎类蔬菜	Vegetable, root	0.10
93	乙酰甲胺磷	Acephate	所有食品	all food items	0.02
94	磷化氢	Phosphine	所有在采收前接受害虫控制处理的初级农产品	All raw agricultural commodities resulting from pre-harvest treatment of pest burrows	0.01
95	敌敌畏	Dichlorvos	大量贮存的不易变质的初级农产品,不论其脂肪含量如何,采收后	Raw agricultural commodities, nonperishable, bulk stored regardless of fat content, postharvest	0.50
96	解草酮	Benoxacor	未加工的农产品	raw agricultural commodities	0.01
97	二氯丙烯胺	Dichlormid	未加工的农产品	raw agricultural commodities	0.05
98	烯虫乙酯	Hydroprene	食品	food commodities	0.20

附件 5　美国豁免农药清单(部分摘录)

序号	豁免物质中文名称	豁免物质英文名称
1	核酸	Nucleic acids
2	苏云金芽孢杆菌 Cry1Ac 蛋白	Bacillus thuringiensis Cry1Ac protein
3	苏云金芽孢杆菌 Cry1Ab 蛋白	Bacillus thuringiensis Cry1Ab protein
4	土豆病毒 Y 蛋白	Coat Protein of Potato Virus Y
5	马铃薯叶卷病毒抗性基因(也称为 orf1 / orf2 基因)	Potato Leaf Roll Virus Resistance Gene (also known as orf1/orf2 gene)
6	西瓜花叶病毒-2 的外壳蛋白和西葫芦黄花叶病毒	Coat Protein of Watermelon Mosaic Virus-2 and Zucchini Yellow Mosaic Virus
7	番木瓜环斑病毒的外壳蛋白	Coat Protein of Papaya Ringspot Virus
8	黄瓜花叶病毒的外壳蛋白	Coat protein of cucumber mosaic virus
9	新霉素磷酸转移酶Ⅱ	neomycin phosphotransferase Ⅱ (NPTⅡ) enzyme
10	膦丝菌素乙酰转移酶(PAT)	Phosphinothricin Acetyltransferase (PAT) enzyme
11	CP4 烯醇丙酮酰莽草酸-3-磷酸(CP4 EPSPS)合成酶	CP4 Enolpyruvylshikimate-3-phosphate (CP4 EPSPS) synthase enzyme
12	草甘膦氧还原酶 GOX 或 GOXv247	Glyphosate Oxidoreductase GOX or GOXv247 enzyme
13	大肠杆菌 B-D-葡糖苷酸酶	E. coli B-D-glucuronidase enzyme
14	磷酸甘露糖异构酶	phosphomannose isomerase (PMI) enzyme
15	荧光假单胞菌对羟基苯丙酮酸双加氧酶	HPPD-4 protein
16	鱼藤酮	rotenone (derris or cube roots)
17	矿物油	Petroleum oils
18	增效醚	Piperonyl butoxide
19	除虫菊酯	Pyrethrins
20	藜芦碱	Sabadilla
21	乙酸(醋酸)	Acetic acid
22	乙酸酐	Acetic anhydride
23	丙酮	Acetone
24	链烷和链烯酸，α-氢-ω-羟基聚(氧乙烯)单双酯，分子量范围为 200~6 000	Alkanoic and alkenoic acids, mono- and diesters of α-hydro-ω-hydroxypoly (oxyethylene) with molecular weight (in amu) range of 200 to 6 000

续附件 5

序号	豁免物质中文名称	豁免物质英文名称
25	烷基(C8～C24)苯磺酸及其铵，钙，镁，钾，钠和锌盐	Alkyl (C8～C24) benzenesulfonic acid and its ammonium, calcium, magnesium, potassium, sodium, and zinc salts
26	C10-C18-烷基二甲基氧化胺	C10-C18-Alkyl dimethyl amine oxides
27	α-烷基(C6-C15)-ω-羟基聚（氧乙烯）硫酸盐，及其铵，钙，镁，钾，钠和锌盐，聚（氧乙烯）平均含量为 2～4 mol	α-Alkyl(C6- C15)-ω-hydroxypoly(oxyethylene) sulfate, and its ammonium, calcium, magnesium, potassium, sodium, and zinc salts, poly (oxyethylene) content averages 2～4 moles
28	α-烷基(C12-C15)-ω-羟基聚（氧丙烯）聚（氧乙烯）共聚物（其中聚（氧丙烯）含量为 3～60 mol，聚（氧乙烯）含量为 5～80 mol）	α-alkyl (C12-C15)-ω-hydroxypoly (oxypropylene) poly (oxyethylene) copolymers (where the poly (oxypropylene) content is 3～60 moles and the poly (oxyethylene) content is 5～80 moles)
29	α-烷基-ω-羟基聚（氧丙烯）和/或聚（氧乙烯）聚合物，其中烷基链包含至少 6 个碳原子	α-alkyl-ω-hydroxypoly (oxypropylene) and/or poly (oxyethylene) polymers where the alkyl chain contains a minimum of six carbons
30	α-烷基（最小 C6 直链，支链，饱和和/或不饱和)-ω-羟基聚乙二醇聚合物，含或不含聚氧亚丙基，与单双磷酸氢酯及其铵，钙，镁，单乙醇胺，钾，钠和锌磷酸酯盐的混合物；氧化乙烯最低含量为 2 mol，氧化丙烯最低含量为 0 mol	α-alkyl (minimum C6 linear, branched, saturated and/or unsaturated)-ω-hydroxypolyoxyethylene polymer with or without polyoxypropylene, mixture of di- and monohydrogen phosphate esters and the corresponding ammonium, calcium, magnesium, monoethanolamine, potassium, sodium, and zinc salts of the phosphate esters; minimum oxyethylene content is 2 moles; minimum oxypropylene content is 0 moles
31	N-烷基(C8～C18)伯胺及其乙酸盐，其中烷基是直链的且可以是饱和和/或不饱和的	N-alkyl (C8～C18) primary amines and their acetate salts where the alkyl group is linear and may be saturated and/or unsaturated
32	烷基(C8～C18)硫酸盐及其铵，钙，异丙胺，镁，钾，钠和锌盐	Alkyl (C8～C18) sulfate and its ammonium, calcium, isopropylamine, magnesium, potassium, sodium, and zinc salts
33	氢氧化铝	Aluminum hydroxide
34	氧化铝	Aluminum oxide
35	硬脂酸铝	Aluminum stearate
36	酰胺，C5～C9，N-[3-(二甲基氨基)丙基]	Amides, C5～C9, N-[3-(dimethylamino) propyl]

续附件 5

序号	豁免物质中文名称	豁免物质英文名称
37	酰胺，C6～C12，N-[3-(二甲基氨基)丙基]	Amides，C6～C12，N-[3-(dimethylamino) propyl]
38	碳酸氢铵	Ammonium bicarbonate
39	氨基甲酸铵	Ammonium carbamate
40	氯化铵	Ammonium chloride
41	氢氧化铵	Ammonium hydroxide
42	过硫酸铵	Ammonium persulfate
43	脂肪酸铵盐(C8～C18 饱和)	Ammonium salts of fatty acids (C8～C18 saturated)
44	硬脂酸铵	Ammonium stearate
45	硫酸铵	Ammonium sulfate
46	硫代硫酸铵	Ammonium thiosulfate
47	乙酸戊酯	Amyl acetate
48	抗坏血酸棕榈酸酯	Ascorbyl palmitate
49	绿坡缕石型黏土	Attapulgite-type clay
50	简单芽孢杆菌 BU288	Bacillus simplex strain BU288
51	苏云金芽孢杆菌的发酵固体和/或可溶性发酵物	Bacillus thuringiensis fermentation solids and/or solubles
52	膨润土	Bentonite
53	苯甲酸	Benzoic acid
54	双环[3.1.1]庚-2-烯，2，6，6-三甲基均聚物（α-蒎烯的均聚物）	Bicyclo[3.1.1]hept-2-ene，2,6,6-trimethyl-，homopolymer (Alpha-pinene，homopolymer)
55	双环[3.1.1]庚烷，6，6-二甲基-2-亚甲基均聚物（β-蒎烯的均聚物）	Bicyclo[3.1.1]heptane，6,6-dimethyl-2-methylene-，homopolymer (Beta-pinene，homopolymer)
56	双环[3.1.1]庚-2-烯，2，6，6-三甲基与6，6-二甲基-2-亚甲基双环[3.1.1]庚烷的聚合物（α-和 β-蒎烯的共聚物）	Bicyclo[3.1.1]hept-2-ene，2,6,6-trimethyl-，polymer with 6,6-dimethyl-2-methylenebicyclo [3.1.1] heptane (Copolymer of alpha- and beta-pinene)
57	2-溴-2-硝基-1，3-丙二醇	2-Bromo-2-nitro-1,3-propanediol
58	丁烷	Butane
59	丁二酸,甲酰苯磺酸钠盐,C-C9-11-异烷基脂	Butanedioic acid，2-sulfo-，C-C9-11-isoalkyl esters，C10-rich，disodium salts

续附件 5

序号	豁免物质中文名称	豁免物质英文名称
60	正丁醇	n-Butanol
61	正苯甲酸丁酯	n-Butyl benzoate
62	己二酸二丁酯	di-n-Butyl adipate
63	n-丁基羟基丁酸	n-Butyl-3-hydroxybutyrate
64	叔丁基羟基茴香醚	Butylated hydroxyanisole
65	二丁基羟基甲苯	Butylated hydroxytoluene
66	钙质页岩	Calcareous shale
67	方解石	Calcite
68	碳酸钙	Calcium carbonate
69	氯化钙	Calcium chloride
70	磷酸钙	Calcium phosphate
71	氢氧化钙	Calcium hydroxide
72	次氯酸钙	Calcium hypochlorite
73	乳酸钙五水合物	Calcium lactate pentahydrate
74	氧化钙	Calcium oxide
75	部分聚合的二聚松香钙盐，符合 21 CFR 172.210	Calcium salt of partially dimerized rosin, conforming to 21 CFR 172.210
76	硅酸钙	Calcium silicate
77	硬脂酸钙	Calcium stearate
78	二氧化碳	Carbon Dioxide
79	卡拉胶	Carrageenan
80	十六醇	Cetyl alcohol
81	活性炭	Charcoal, activated
82	椰子壳	Coconut shells
83	鱼肝油	Cod liver oil
84	羧甲基纤维素钠	Croscarmellose sodium
85	正癸醇	n-Decyl alcohol
86	二烷基(C8~C18)二甲基氯化铵	Dialkyl (C8~C18) dimethyl ammonium chloride

续附件 5

序号	豁免物质中文名称	豁免物质英文名称
87	硅藻土	Diatomite (diatomaceous earth)
88	二乙基氨基乙醇,乙氧基化,丙氧基化,与脂肪酸二聚体的反应产物,最小平均分子量(原子质量)为 1 200	Diethylaminoethanol, ethoxylated, propoxylated, reaction products with fatty acid dimers, minimum number average molecular weight (in amu), 1 200
89	二乙基氨基乙醇，乙氧基化，丙氧基化与脂肪酸三聚体的反应产物，最小平均分子量(原子质量)为 1 200	Diethylaminoethanol, ethoxylated, propoxylated, reaction products with fatty acid trimers, minimum number average molecular weight (in amu), 1 200
90	二乙基氨基乙醇，乙氧基化与脂肪酸二聚体的反应产物，最小平均分子量(原子质量)为 1 200	Diethylaminoethanol, ethoxylated, reaction product with fatty acid dimers, minimum number average molecular weight (in amu), 1 200
91	二乙基氨基乙醇，乙氧基化与脂肪酸三聚体的反应产物，最小平均分子量(原子质量)为 1 200	Diethylaminoethanol, ethoxylated, reaction products with fatty acid trimers, minimum number average molecular weight (in amu), 1 200
92	松香酸二甘醇酯	Diethylene glycol abietate
93	1，1-二氟乙烷	1,1-Difluoroethane
94	1，2-二氢-6-乙氧基-2，2，4-三甲基喹诺酮	1,2-Dihydro-6-ethoxy-2,2,4-trimethylquinolene
95	二异丙醇氨	Diisopropanolamine
96	已二酸二异丙酯	Diisopropyl adipate
97	已二酸二甲酯	Dimethyl adipate
98	二甲基氨基乙醇，乙氧基化，丙氧基化与脂肪酸二聚体的反应产物，最小平均分子量为(原子质量) 1 200	Dimethylaminoethanol, ethoxylated, propoxylated, reaction products with fatty acid dimers, minimum number average molecular weight (in amu), 1 200
99	二甲基氨基乙醇，乙氧基化，丙氧基化与脂肪酸三聚体的反应产物，最小平均分子量(原子质量) 为 1 200	Dimethylaminoethanol, ethoxylated, propoxylated reaction products with fatty acid trimers, minimum number average molecular weight (in amu), 1 200
100	二甲基氨基乙醇，乙氧基化与脂肪酸二聚体的反应产物，最小平均分子量(原子质量) 为 1 200	Dimethylaminoethanol, ethoxylated, reaction products with fatty acid dimers, minimum number average molecular weight (in amu), 1 200
101	二甲基氨基乙醇，乙氧基化与脂肪酸三聚体的反应产物，最小平均分子量(原子质量) 为 1 200	Dimethylaminoethanol, ethoxylated, reaction products with fatty acid trimers, minimum number average molecular weight (in amu), 1 200

续附件5

序号	豁免物质中文名称	豁免物质英文名称
102	N,N-二甲基9-癸酰胺	N,N-Dimethyl 9-decenamide
103	N,N-二甲基十二酰胺	N,N-Dimethyl dodecanamide
104	二甲醚（甲烷，氧代双-）	Dimethyl ether
105	戊二酸二甲酯	Dimethyl glutarate
106	3，6-二甲基-4-辛炔-3，6-二醇	3,6-Dimethyl-4-octyn-3,6-diol
107	琥珀酸二甲酯	Dimethyl succinate
108	N,N-二甲基十四酰胺	N,N-Dimethyl tetradecanamide
109	碳酸二正丁酯	Di-n-butyl carbonate
110	一缩二丙二醇	Dipropylene glycol
111	磷酸氢二钠	Disodium phosphate
112	二氢化依地酸二钠锌	Disodium zinc ethylenediaminetetraacetate dihydride
113	馏分油(石油),溶剂-脱蜡重石蜡	Distillates (petroleum), solvent-dewaxed heavy paraffinic
114	重馏分，C18~C50，支链，环链和直链	Distillates，(Fishcher - Tropsch)，heavy，C18 ~ C50，branched，cyclic and linear
115	白云石	Dolomite
116	环氧化亚麻子油	Epoxidized linseed oil
117	环氧化大豆油	Epoxidized soybean oil
118	2-羟基-乙磺酸	Ethanesulfonic acid，2-hydroxy-
119	2-羟基-乙磺酸铵盐	Ethanesulfonic acid，2-hydroxy-，ammonium salts
120	2-羟基-乙磺酸钙盐	Ethanesulfonic acid，2-hydroxy-，calcium salts
121	2-羟基-乙磺酸镁盐	Ethanesulfonic acid，2-hydroxy-，magnesium salts
122	2-羟基-乙磺酸钾盐	Ethanesulfonic acid，2-hydroxy-，potassium salts
123	2-羟基-乙磺酸钠盐	Ethanesulfonic acid，2-hydroxy-，sodium salts
124	2-羟基-乙磺酸锌盐	Ethanesulfonic acid，2-hydroxy-，zinc salts
125	乙酸乙酯	Ethyl acetate

附件 6　澳大利亚生姜农药残留限量标准

序号	农药中文名称	农药英文名称	澳大利亚		
			食品中文名称	食品英文名称	最大残留限量/(mg/kg)
1	2，4-滴	2,4-D	除动物食品外的其他食品	All other foods except animal food commodities	0.05
2	邻苯基苯酚	2-Phenylphenol	除动物食品外的其他食品	All other foods except animal food commodities	0.1
3	阿灭丁（阿维菌素）	Abamectin	除动物食品外的其他食品	All other foods except animal food commodities	0.01
4	啶虫脒	Acetamiprid	香料	Spices	0.1
5	Afidopyropen	Afidopyropen	姜	Ginger，root	0.01*
6	顺式氯氰菊酯	Alpha-cypermethrin	其他食品	All other foods	0.01*
7	磷化铝	Aluminium phosphide	香料	Spices	0.01*
8	唑嘧菌胺	Ametoctradin	除动物食品外的其他食品	All other foods except animal food commodities	0.2
9	吲唑磺菌胺	Amisulbrom	除动物食品外的其他食品	All other foods except animal commodities	0.02
10	嘧菌酯	Azoxystrobin	香料	Spices	0.1*
11	苯菌灵	Benomyl	香料	Spices	0.1*
12	高效氟氯氰菊酯	Betacyfluthrin	除动物食品外的其他食品	All other foods except animal food commodities	0.05
13	联苯菊酯	Bifenthrin	姜	Ginger，root	0.01* T
14	联苯吡菌胺	Bixafen	其他食品	All other foods	0.03
15	啶酰菌胺	Boscalid	其他食品	All other foods	0.5
16	噻嗪酮	Buprofezin	除动物食品外的其他食品	All other foods except animal food commodities	0.05
17	硫线磷	Cadusafos	姜	Ginger，root	0.1
18	克菌丹	Captan	除动物食品外的其他食品	All other foods except animal food commodities	0.1
19	多菌灵	Carbendazim	香料	Spices	0.1*
20	氯虫苯甲酰胺	Chlorantraniliprole	其他食品	All other foods	0.01*
21	溴虫腈	Chlorfenapyr	香料	Spices	0.05

续附件6

序号	农药中文名称	农药英文名称	澳大利亚		
			食品中文名称	食品英文名称	最大残留限量/(mg/kg)
22	毒死蜱	Chlorpyrifos	姜	Ginger，root	0.02*
23	四螨嗪	Clofentezine	除动物食品外的其他食品	All other foods except animal food commodities	0.02
24	二氯吡啶酸	Clopyralid	除动物食品外的其他食品	All other foods except animal food commodities	0.1
25	噻虫胺	Clothianidin	香料	Spices	0.05
26	氰虫酰胺	Cyantraniliprole	其他食品	All other foods	0.05
27	氰霜唑	Cyazofamid	除动物食品外的其他食品	All other foods except animal food commodities	0.02
28	氟氯氰菊酯	Cyfluthrin	除动物食品外的其他食品	All other foods except animal food commodities	0.05
29	氯氰菊酯	Cypermethrin	其他食品	All other foods	0.01*
30	环唑醇	Cyproconazole	除动物食品外的其他食品	All other foods except animal commodities	0.01
31	嘧菌环胺	Cyprodinil	除动物食品外的其他食品	All other foods except animal food commodities	0.05
32	灭蝇胺	Cyromazine	除动物食品外的其他食品	All other foods except animal food commodities	0.05
33	溴氰菊酯	Deltamethrin	除动物食品外的其他食品	All other foods except animal food commodities	0.05
34	丁醚脲	Diafenthiuron	除动物食品外的其他食品	All other foods except animal commodities	0.01
35	麦草畏	Dicamba	除动物食品外的其他食品	All other foods except animal food commodities	0.05
36	苯醚甲环唑	Difenoconazole	除动物食品外的其他食品	All other foods except animal food commodities	0.02
37	吡氟草胺	Diflufenican	除动物食品外的其他食品	All other foods except animal food commodities	0.01
38	烯酰吗啉	Dimethomorph	香料	Spices	0.05
39	呋虫胺	Dinotefuran	除动物食品外的其他食品	All other foods except animal commodities	0.02

续附件 6

序号	农药中文名称	农药英文名称	澳大利亚		
			食品中文名称	食品英文名称	最大残留限量/(mg/kg)
40	二硫代氨基甲酸酯	Dithiocarbamates	姜	Ginger, root	3T
41	甲氨基阿维菌素	Emamectin	除动物食品外的其他食品	All other foods except animal food commodities	0.005
42	茵多酸	Endothal	除动物食品外的其他食品	All other foods except animal food commodities	0.01
43	抑霉唑（碱）	Enilconazole	除动物食品外的其他食品	All other foods except animal food commodities	0.05
44	S-氰戊菊酯	Esfenvalerate	除动物食品外的其他食品	All other foods except animal food commodities	0.05
45	乙烯利	Ethephon	除动物食品外的其他食品	All other foods except animal commodities	0.1
46	乙螨唑	Etoxazole	除动物食品外的其他食品	All other foods except animal food commodities	0.05
47	氯苯嘧啶醇	Fenarimol	除动物食品外的其他食品	All other foods except animal food commodities	0.05
48	腈苯唑	Fenbuconazole	除动物食品外的其他食品	All other foods except animal food commodities	0.02
49	环酰菌胺	Fenhexamid	除动物食品外的其他食品	All other foods except animal food commodities	0.1
50	苯氧威	Fenoxycarb	除动物食品外的其他食品	All other foods except animal food commodities	0.1
51	胺苯吡菌酮	Fenpyrazamine	除动物食品外的其他食品	All other foods except animal food commodities	0.02
52	唑螨酯	Fenpyroximate	除动物食品外的其他食品	All other foods except animal food commodities	0.1
53	氰戊菊酯	Fenvalerate	除动物食品外的其他食品	All other foods except animal food commodities	0.05
54	氟虫腈	Fipronil	姜	Ginger, root	0.01*
55	氟啶虫酰胺	Flonicamid	除动物食品外的其他食品	All other foods except animal food commodities	0.2

续附件 6

序号	农药中文名称	农药英文名称	澳大利亚		
			食品中文名称	食品英文名称	最大残留限量/(mg/kg)
56	精吡氟禾草灵	Fluazifop-p-butyl	姜	Ginger, root	0.05
57	氟虫酰胺	Flubendiamide	香料	Spices	0.02
58	咯菌腈	Fludioxonil	除动物食品外的其他食品	All other foods except animal food commodities	0.02
59	联氟砜	Fluensulfone	其他食品	All other foods	1
60	丙炔氟草胺	Flumioxazin	除动物食品外的其他食品	All other foods except animal food commodities	0.02
61	氟吡菌胺	Fluopicolide	其他食品	All other foods	0.01
62	氟吡菌酰胺	Fluopyram	除动物食品外的其他食品	All other foods except animal food commodities	0.1
63	氟草烟	Fluroxypyr	除动物食品外的其他食品	All other foods except animal food commodities	0.02
64	粉唑醇	Flutriafol	除动物食品外的其他食品	All other foods except animal food commodities	0.5
65	氟胺氰菊酯	Fluvalinate	除动物食品外的其他食品	All other foods except animal food commodities	0.02
66	氟唑菌酰胺	Fluxapyroxad	其他食品	All other foods	0.1
67	草甘膦	Glyphosate	除动物食品外的其他食品	All other foods except animal food commodities	0.2
68	噻螨酮	Hexythiazox	除动物食品外的其他食品	All other foods except animal food commodities	0.05
69	磷化氢	Hydrogen phosphide	香料	Spices	0.01*
70	抑霉唑	Imazalil	除动物食品外的其他食品	All other foods except animal food commodities	0.05
71	甲氧咪草烟	Imazamox	除动物食品外的其他食品	All other foods except animal food commodities	0.05
72	吡虫啉	Imidacloprid	姜	Ginger, root	0.3T
73	茚虫威	Indoxacarb	除动物食品外的其他食品	All other foods except animal food commodities	0.05
74	无机溴	Inorganic bromide	香料	Spices	400

续附件 6

序号	农药中文名称	农药英文名称	澳大利亚		
			食品中文名称	食品英文名称	最大残留限量/(mg/kg)
75	异菌脲	Iprodione	除动物食品外的其他食品	All other foods except animal food commodities	0.1
76	利谷隆	Linuron	除动物食品外的其他食品	All other foods except animal food commodities	0.05
77	磷化镁	Magnesium phosphide	香料	Spices	0.01*
78	马拉硫磷	Malathion/Maldison	除动物食品外的其他食品	All other foods except animal food commodities	0.05
79	代森锰锌	Mancozeb	姜	Ginger, root	3T
80	双炔酰菌胺	Mandipropamid	除动物食品外的其他食品	All other foods except animal food commodities	0.5
81	甲霜灵	Metalaxyl	姜	Ginger, root	0.5
82	精甲霜灵	Metalaxyl-M	姜	Ginger, root	0.5
83	四聚乙醛	Metaldehyde	香料	Spices	1
84	吡草胺	Metazachlor	其他食品	All other foods	1
85	威百亩	Metham	姜	Ginger, root	3T
86	威百亩钠	Metham-sodium	姜	Ginger, root	3T
87	杀扑磷	Methidathion	除动物食品外的其他食品	All other foods except animal food commodities	0.02
88	灭多威	Methomyl	姜	Ginger, root	0.1*
89	甲氧虫酰肼	Methoxyfenozide	除动物食品外的其他食品	All other foods except animal food commodities	0.03
90	溴甲烷	Methyl bromide	香料	Spices	0.05*
91	代森联	Metiram	姜	Ginger, root	3T
92	异丙甲草胺	Metolachlor	除动物食品外的其他食品	All other foods except animal food commodities	0.02
93	苯菌酮	Metrafenone	除动物食品外的其他食品	All other foods except animal food commodities	0.05
94	嗪草酮	Metribuzin	姜	Ginger, root	0.05*T
95	腈菌唑	Myclobutanil	除动物食品外的其他食品	All other foods except animal food commodities	0.05

续附件 6

序号	农药中文名称	农药英文名称	澳大利亚		
			食品中文名称	食品英文名称	最大残留限量/(mg/kg)
96	氟草敏/达草灭	Norflurazon	除动物食品外的其他食品	All other foods except animal food commodities	0.05
97	邻苯基苯酚	o-phenylphenol, OPP	除动物食品外的其他食品	All other foods except animal food commodities	0.1
98	氨磺乐灵/氨磺灵	Oryzalin	姜	Ginger, root	0.05* T
99	恶霜灵	Oxadixyl	除动物食品外的其他食品	All other foods except animal food commodities	0.1
100	氟噻唑吡乙酮	Oxathiapiprolin	除动物食品外的其他食品	All other foods except animal food commodities	0.02
101	多效唑	Paclobutrazol	除动物食品外的其他食品	All other foods except animal food commodities	0.01
102	戊菌唑	Penconazole	香料	Spices	0.1
103	二甲戊灵	Pendimethalin	除动物食品外的其他食品	All other foods except animal food commodities	0.02
104	吡噻菌胺	Penthiopyrad	除动物食品外的其他食品	All other foods except animal food commodities	0.05
105	氯菊酯	Permethrin	除动物食品外的其他食品	All other foods except animal food commodities	0.05
106	磷化氢	Phosphine	香料	Spices	0.01*
107	亚磷酸	Phosphorous acid	姜	Ginger, root	100T
108	增效醚	Piperonyl butoxide	除动物食品外的其他食品	All other foods except animal food commodities	0.5
109	抗蚜威	Pirimicarb	香料	Spices	0.05*
110	咪鲜胺	Prochloraz	除动物食品外的其他食品	All other foods except animal food commodities	0.1
111	丙溴磷	Profenofos	除动物食品外的其他食品	All other foods except animal food commodities	0.02
112	霜霉威	Propamocarb	除动物食品外的其他食品	All other foods except animal food commodities	0.1
113	丙环唑	Propiconazole	香料	Spices	0.1*
114	甲基代森锌	Propineb	姜	Ginger, root	3T

续附件 6

序号	农药中文名称	农药英文名称	澳大利亚		
			食品中文名称	食品英文名称	最大残留限量/(mg/kg)
115	炔苯酰草胺	Propyzamide	除动物食品外的其他食品	All other foods except animal food commodities	0.02
116	丙硫菌唑	Prothioconazole	除动物食品外的其他食品	All other foods except animal food commodities	0.02
117	Pydiflumetofen	Pydiflumetofen	除动物食品外的其他食品	All other foods except animal food commodities	0.05T
118	吡蚜酮	Pymetrozine	除动物食品外的其他食品	All other foods except animal food commodities	0.02
119	吡唑醚菌酯	Pyraclostrobin	香料	Spices	0.1
120	嘧霉胺	Pyrimethanil	香料	Spices	0.1
121	甲氧苯啶菌	Pyriofenone	其他食品	All other foods	0.05
122	吡丙醚	Pyriproxyfen	除动物食品外的其他食品	All other foods except animal food commodities	0.1
123	喹氧灵	Quinoxyfen	除动物食品外的其他食品	All other foods except animal food commodities	0.02
124	苯嘧磺草胺	Saflufenacil	除动物食品外的其他食品	All other foods except animal food commodities	0.03
125	环苯吡菌胺	Sedaxane	除动物食品外的其他食品	All other foods except animal food commodities	0.01
126	西玛津	Simazine	姜	Ginger, root	0.05* T
127	乙基多杀菌素	Spinetoram	姜	Ginger, root	0.02T
128	多杀菌素	Spinosad	除动物食品外的其他食品	All other foods except animal food commodities	0.01
129	螺虫乙酯	Spirotetramat	除动物食品外的其他食品	All other foods except animal food commodities	0.1
130	螺环菌胺	Spiroxamine	除动物食品外的其他食品	All other foods except animal food commodities	0.05
131	氟啶虫胺腈	Sulfoxaflor	除动物食品外的其他食品	All other foods except animal food commodities	0.01
132	戊唑醇	Tebuconazole	香料	Spices	1

续附件 6

序号	农药中文名称	农药英文名称	澳大利亚		
			食品中文名称	食品英文名称	最大残留限量/(mg/kg)
133	氟醚唑	Tetraconazole	除动物食品外的其他食品	All other foods except animal food commodities	0.02
134	噻苯咪唑	Thiabendazole	除动物食品外的其他食品	All other foods except animal food commodities	0.03
135	噻虫啉	Thiacloprid	香料	Spices	0.1
136	噻虫嗪	Thiamethoxam	除动物食品外的其他食品	All other foods except animal food commodities	0.02
137	硫双威	Thiodicarb	除动物食品外的其他食品	All other foods except animal food commodities	0.1
138	硫菌灵	Thiophanate	香料	Spices	0.1*
139	福美双	Thiram	姜	Ginger, root	3T
140	三唑酮	Triadimefon	除动物食品外的其他食品	All other foods except animal food commodities	0.05
141	三唑醇	Triadimenol	除动物食品外的其他食品	All other foods except animal food commodities	0.05
142	肟菌酯	Trifloxystrobin	除动物食品外的其他食品	All other foods except animal food commodities	0.05
143	氟乐灵	Trifluralin	除动物食品外的其他食品	All other foods except animal food commodities	0.01
144	ζ-氯氰菊酯	Zeta-cypermethrin/ Zetacypermethrin	其他食品	All other foods	0.01*
145	Mandestrobin	Mandestrobin	除动物食品外的其他食品	All other foods except animal food commodities	0.05
146	溴苯腈	Bromoxynil	除动物食品外的其他食品	All other foods except animal food commodities	0.1
147	乙嘧酚磺酸酯	Bupirimate	除动物食品外的其他食品	All other foods except animal food commodities	0.02
148	甲萘威	Carbaryl	除动物食品外的其他食品	All other foods except animal food commodities	0.02
149	烯草酮	Clethodim	除动物食品外的其他食品	All other foods except animal food commodities	0.1

续附件 6

序号	农药中文名称	农药英文名称	澳大利亚		
			食品中文名称	食品英文名称	最大残留限量/(mg/kg)
150	稀禾定	Sethoxydim	除动物食品外的其他食品	All other foods except animal food commodities	0.1

注:“ * ”表示限量值设在检出限;“T”表示临时限量。

附件 7 新西兰生姜农药残留限量标准(部分摘录)

序号	农药中文名称	农药英文名称	新西兰		
			食品中文名称	食品英文名称	最大残留限量/(mg/kg)
1	乙酰甲胺磷	Acephate	其他食品	Any other food	0.01 *
2	啶酰菌胺	Boscalid	根类蔬菜	Root vegetables	0.5
3	溴鼠灵	Brodifacoum	所有食品	Any food	0.001 *
4	溴敌隆	Bromadiolone	所有食品	Any food	0.001 *
5	克菌丹	Captan	蔬菜	Vegetables	10
6	卡巴氧	Carbadox	其他食品(猪肝脏和猪肉除外)	Any other food, other than pig liver and pig meat	0.001 *
7	氯霉素	Chloramphenicol	所有食品	Any food	0.000 3 *
8	二嗪农	Diazinon	其他水果、蔬菜、坚果	Any other fruit, vegetable, or nut	0.01 *
9	1, 3-二氯丙烯	1,3-Dichloropropene	蔬菜	Vegetables	0.01 *
10	敌敌畏	Dichlorvos	其他水果、蔬菜、坚果(树坚果除外)	Any other fruit, vegetable, or nut (except tree nuts)	0.01 *
11	三氯杀螨醇	Dicofol	蔬菜	Vegetables	3
12	艾氏剂和狄氏剂	Dieldrin and aldrin	其他食品(谷物、柑橘类水果、乳脂除外的脂肪、乳脂除外)	Any other food, other than cereal grains; citrus fruits; fats (except milk fats); milk fats	0.1
13	乐果和氧化乐果	Dimethoate and omethoate	蔬菜(番茄除外)	Vegetables (except tomatoes)	2

续附件 7

序号	农药中文名称	农药英文名称	新西兰		
			食品中文名称	食品英文名称	最大残留限量/(mg/kg)
14	敌草快	Diquat	蔬菜(菜豆、洋葱和豌豆除外)	Vegetables (except beans, onions and peas)	0.05*
15	二硫代氨基甲酸酯(甲基代森锌除外)	Dithiocarbamates (except propineb)	蔬菜	Vegetables	7
16	苯线磷	Fenamiphos	其他食品	Any other food	0.01*
17	氟鼠酮	Flocoumafen	所有食品	Any food	0.001*
18	马拉硫磷	Maldison	根类蔬菜	Root vegetables	3
19	甲胺磷	Methamidophos	其他食品	Any other food	0.01*
20	溴甲烷	Methyl Bromide	其他食品(坚果和香料除外)	Any other food, other than nuts and spices	50
21	1-甲基环丙烯	1-Methylcyclopropene	蔬菜	Vegetables	0.01
22	百草枯	Paraquat	蔬菜	Vegetables	0.05*
23	磷化氢	Phosphine	所有食品(不包括谷物和仁果类水果)	Any food (except cereal grains and pome fruits)	0.01
24	杀鼠酮	Pindone	所有食品	Any food	0.001*
25	增效醚	Piperonyl butoxide	蔬菜	Vegetables	8
26	扑草胺	Propachlor	蔬菜	Vegetables	0.05*
27	除虫菊素	Pyrethrins	蔬菜	Vegetables	1
28	醋酸氟一钠	Sodium mono-fluroacetate	所有食品	Any food	0.001*

注:“*”表示该限量值设在检出限。

附件 8　日本生姜农药残留限量标准(部分摘录)

序号	农药英文名称	农药中文名称	日本		
			食品中文名称	食品英文名称	最大残留限量/(mg/kg)
1	Nitenpyram	烯啶虫胺	生姜	Ginger	—

续附件 8

序号	农药英文名称	农药中文名称	日本		
			食品中文名称	食品英文名称	最大残留限量/(mg/kg)
2	Isoxathion	异噁唑硫磷	生姜	Ginger	—
3	Difenoconazole	苯醚甲环唑	生姜	Ginger	0.05
4	Fluensulfone	联氟砜	生姜	Ginger	0.8
5	Abamectin	阿维菌素	生姜	Ginger	0.01
6	Alanycarb	棉铃威	生姜	Ginger	0.1
7	Aldrin and dieldrin	艾氏剂和狄氏剂	生姜	Ginger	0.06
8	Ametoctradin	唑嘧菌胺	生姜	Ginger	0.05
9	Amisulbrom	吲唑磺菌胺(安美速)	生姜	Ginger	2
10	Atrazine	莠去津	生姜	Ginger	0.02
11	Azoxystrobin	嘧菌酯	生姜	Ginger	0.5
12	Benalaxyl	苯霜灵	生姜	Ginger	0.05
13	Benfuracarb	丙硫克百威	生姜	Ginger	1
14	Bentazone	灭草松	生姜	Ginger	0.05
15	Bifenthrin	氟氯菊酯	生姜	Ginger	0.05
16	Bilanafos (bialaphos)	双丙酰胺磷	生姜	Ginger	0.01
17	Bioresmethrin	生物苄呋菊酯	生姜	Ginger	0.1
18	Bitertanol	双苯三唑醇(联苯三唑醇)	生姜	Ginger	0.05
19	Boscalid	啶酰菌胺	生姜	Ginger	0.05
20	Brodifacoum	溴鼠隆	生姜	Ginger	0.001
21	Bromide	溴	生姜	Ginger	400
22	Bromopropylate	溴螨酯	生姜	Ginger	0.5
23	Cadusafos	硫线磷	生姜	Ginger	0.1
24	Captan	克菌丹	生姜	Ginger	0.03
25	Carbaryl	甲萘威	生姜	Ginger	2
26	Carbendazim, thiophanate, thiophanate-methyl and benomyl	多菌灵,硫菌灵,甲基硫菌灵和苯菌灵	生姜	Ginger	3
27	Carbofuran	克百威	生姜	Ginger	0.5

续附件 8

序号	农药英文名称	农药中文名称	日本		
			食品中文名称	食品英文名称	最大残留限量/(mg/kg)
28	Carbosulfan	丁硫克百威	生姜	Ginger	1
29	Cartap, thiocyclam and bensultap	巴丹,杀虫环,杀虫磺	生姜	Ginger	3
30	Chlorantraniliprole	氯虫苯甲酰胺	生姜	Ginger	0.05
31	Chlordane	氯丹	生姜	Ginger	0.01
32	Chlorfenapyr	虫螨腈	生姜	Ginger	0.05
33	Chlorfenvinphos	毒虫畏	生姜	Ginger	0.5
34	Chlorfluazuron	氟啶脲	生姜	Ginger	—
35	Chloridazon	杀草敏	生姜	Ginger	0.1
36	Chlormequat	矮壮素	生姜	Ginger	—
37	Chlorothalonil	百菌清	生姜	Ginger	0.05
38	Chlorpyrifos	毒死蜱	生姜	Ginger	0.01
39	Chlorpyrifos-methyl	甲基毒死蜱	生姜	Ginger	0.03
40	Chromafenozide	环虫酰肼	生姜	Ginger	0.05
41	Clethodim	烯草酮	生姜	Ginger	—
42	Clodinafop-propargyl	炔草酯	生姜	Ginger	0.02
43	Clomazone	异噁草酮	生姜	Ginger	0.05
44	Clopidol	克球酚	生姜	Ginger	0.2
45	Clothianidin	噻虫胺	生姜	Ginger	0.02
46	Cuppric nonyl phenolsulfonate	壬菌铜	生姜	Ginger	10
47	4-CPA	4-氯苯氧乙酸(对氯苯氧乙酸)	生姜	Ginger	0.02
48	Cyanazine	氰草津	生姜	Ginger	—
49	Cyanophos	杀螟腈	生姜	Ginger	0.05
50	Cyazofamid	氰霜唑	生姜	Ginger	3
51	Cycloxydim	噻草酮	生姜	Ginger	0.05
52	Cyfluthrin	氟氯氰菊酯	生姜	Ginger	0.02
53	Cyhalothrin	氯氟氰菊酯	生姜	Ginger	0.5

续附件 8

序号	农药英文名称	农药中文名称	日本		
			食品中文名称	食品英文名称	最大残留限量/(mg/kg)
54	Cypermethrin	氯氰菊酯	生姜	Ginger	0.03
55	2,4-D	2,4-滴	生姜	Ginger	0.05
56	Dazomet, metam and methyl isothiocyanate	棉隆,威百亩,异硫氰酸甲酯	生姜	Ginger	0.1
57	DBEDC	胺磺铜	生姜	Ginger	0.5
58	DDT	滴滴涕	生姜	Ginger	0.3
59	Demeton-s-methyl	异吸磷 (S)	生姜	Ginger	0.4
60	Diafenthiuron	丁醚脲	生姜	Ginger	0.02
61	Diazinon	二嗪磷	生姜	Ginger	0.1
62	Dichlofluanid	苯氟磺胺	生姜	Ginger	15
63	1,3-Dichloropropene	1,3-二氯丙烯	生姜	Ginger	0.01
64	Dichlorvos and naled	敌敌畏和二溴磷	生姜	Ginger	0.1
65	Diclomezine	哒菌清	生姜	Ginger	0.02
66	Dicofol	三氯杀螨醇	生姜	Ginger	0.02
67	Difenzoquat	野燕枯	生姜	Ginger	0.05
68	Diflubenzuron	除虫脲	生姜	Ginger	0.3
69	Diflufenzopyr	氟吡草腙	生姜	Ginger	0.05
70	Dihydrostreptomycin and streptomycin	链霉素和双氢链霉素	生姜	Ginger	0.05
71	Dimethipin	噻节因	生姜	Ginger	0.04
72	Dimethoate	乐果	生姜	Ginger	1
73	Dinotefuran	呋虫胺	生姜	Ginger	0.5
74	Diphenylamine	二苯胺	生姜	Ginger	0.05
75	Diquat	敌草快	生姜	Ginger	0.05
76	Disulfoton	乙拌磷	生姜	Ginger	0.1
77	Dithiocarbamates	二硫代氨基甲酸盐类	生姜	Ginger	0.2
78	Diuron	敌草隆	生姜	Ginger	0.05
79	Dodine	多果定	生姜	Ginger	0.2

续附件 8

序号	农药英文名称	农药中文名称	日本		
			食品中文名称	食品英文名称	最大残留限量/(mg/kg)
80	Emamectin benzoate	甲氨基阿维菌素苯甲酸盐	生姜	Ginger	0.1
81	Endosulfan	硫丹	生姜	Ginger	0.5
82	Endrin	异狄氏剂	生姜	Ginger	0.01
83	EPN	苯硫磷	生姜	Ginger	0.1
84	EPTC	茵草敌	生姜	Ginger	0.1
85	Ethephon	乙烯利	生姜	Ginger	0.05
86	Ethion	乙硫磷	生姜	Ginger	0.3
87	Ethylene dibromide (EDB)	二溴化乙烯	生姜	Ginger	0.01
88	Ethylene dichloride	二氯乙烷	生姜	Ginger	0.01
89	Etofenprox	醚菊酯	生姜	Ginger	3
90	Etridiazole	土菌灵	生姜	Ginger	0.1
91	Fenamidone	咪唑菌酮	生姜	Ginger	0.02
92	Fenamiphos	苯线磷	生姜	Ginger	0.04
93	Fenarimol	氯苯嘧啶醇	生姜	Ginger	0.5
94	Fenbutatin oxide	苯丁锡	生姜	Ginger	0.05
95	Fenitrothion	杀螟硫磷	生姜	Ginger	0.5
96	Fenoxaprop-ethyl	恶唑禾草灵	生姜	Ginger	0.1
97	Fenoxycarb	苯氧威	生姜	Ginger	0.05
98	Fenpropimorph	丁苯吗啉	生姜	Ginger	0.05
99	Fentin	三苯基氢氧化锡	生姜	Ginger	0.05
100	Fenvalerate	氰戊菊酯	生姜	Ginger	0.50
101	Fipronil	氟虫腈	生姜	Ginger	0.01
102	Flazasulfuron	啶嘧磺隆	生姜	Ginger	0.02
103	Flubendiamide	氟虫酰胺;氟苯虫酰胺	生姜	Ginger	0.05
104	Flucythrinate	氟氰戊菊酯	生姜	Ginger	0.50
105	Fludioxonil	咯菌腈	生姜	Ginger	0.02
106	Flumioxazin	丙炔氟草胺	生姜	Ginger	0.02

续附件 8

序号	农药英文名称	农药中文名称	日本		
			食品中文名称	食品英文名称	最大残留限量/(mg/kg)
107	Fluometuron	伏草隆	生姜	Ginger	0.02
108	Fluopicolide	氟吡菌胺	生姜	Ginger	0.02
109	Flupyradifurone	氟吡呋喃酮	生姜	Ginger	0.05
110	Fluroxypyr	氯氟吡氧乙酸	生姜	Ginger	0.05
111	Flusulfamide	磺菌胺	生姜	Ginger	0.1
112	Flutolanil	氟酰胺	生姜	Ginger	5
113	Fluxapyroxad	氟唑菌酰胺	生姜	Ginger	0.02
114	Fosetyl	乙膦酸	生姜	Ginger	50
115	Fosthiazate	噻唑磷	生姜	Ginger	0.2
116	Gibberellin	赤霉素	生姜	Ginger	—
117	Glufosinate	草铵膦	生姜	Ginger	0.3
118	Glyphosate	草甘膦	生姜	Ginger	0.2
119	Hexachlorobenzene	六氯苯	生姜	Ginger	0.01
120	Hydrogen cyanide	氰化氢	生姜	Ginger	5
121	Hydrogen phosphide	磷化氢	生姜	Ginger	0.01
122	Hymexazol	噁霉灵	生姜	Ginger	0.5
123	Imazalil	抑霉唑	生姜	Ginger	0.02
124	Imazaquin	咪唑喹啉酸	生姜	Ginger	0.05
125	Imazethapyr ammonium	咪唑乙烟酸铵	生姜	Ginger	0.05
126	Imidacloprid	吡虫啉	生姜	Ginger	0.3
127	Iminoctadine	双胍辛胺	生姜	Ginger	0.05
128	Indoxacarb	茚虫威	生姜	Ginger	0.05
129	Ioxynil	碘苯腈	生姜	Ginger	0.1
130	Iprodione	异菌脲	生姜	Ginger	5.0
131	Lenacil	环草定	生姜	Ginger	0.3
132	Lindane	林丹	生姜	Ginger	0.01

续附件 8

序号	农药英文名称	农药中文名称	日本		
			食品中文名称	食品英文名称	最大残留限量/(mg/kg)
133	Linuron	利谷隆	生姜	Ginger	0.2
134	Maleic hydrazide	抑芽丹	生姜	Ginger	0.2
135	Mandipropamid	双炔酰菌胺	生姜	Ginger	0.01
136	Metaflumizone	氰氟虫腙	生姜	Ginger	0.3

注:表中"—"指一律基准,即≤0.01 mg/kg。

附件 9　韩国生姜农药残留限量标准(部分摘录)

序号	农药中文名称	农药英文名称	韩国		
			食品中文名称	食品英文名称	最大残留限量/(mg/kg)
1	草铵膦	Glufosinate(ammonium)	生姜	Ginger	0.05
2	溴氰菊酯	Deltamethrin	生姜	Ginger	0.05T
3	敌草快	Diquat	蔬菜类	Vegetables	0.05T
4	苯氟磺胺	Dichlofluanid	生姜	Ginger	15.0T
5	苯醚甲环唑	Difenoconazole	生姜	Ginger	0.05T
6	除虫脲	Diflubenzuron	生姜	Ginger	0.3T
7	腈菌唑	Myclobutanil	根菜类	Root and tuber vegetables	0.03T
8	抑芽丹	Maleic hydrazide	生姜	Ginger	25.0T
9	灭多威	Methomyl	生姜	Ginger	0.2T
10	甲霜灵	Metalaxyl	生姜	Ginger	0.5
11	甲霜灵	Metalaxyl	生姜(干燥)	Ginger(Dried)	2.0
12	异丙甲草胺	Metolachlor	生姜	Ginger	0.05T
13	嗪草酮	Metribuzin	生姜	Ginger	0.5T
14	溴甲烷	Methyl bromide: as Br ion	脱水蔬菜类	Dried vegetables	30
15	溴甲烷	Methyl bromide: as Br ion	蔬菜类	Vegetables	30
16	苯霜灵	Benalaxyl	生姜	Ginger	0.05
17	苯菌灵	Benomyl	生姜	Ginger	0.05

续附件 9

序号	农药中文名称	农药英文名称	韩国		
			食品中文名称	食品英文名称	最大残留限量/(mg/kg)
18	灭草松	Bentazone	生姜	Ginger	0.2T
19	溴螨酯	Bromopropylate	蔬菜类	Vegetables	1.0T
20	六六六	BHC	蔬菜类	Vegetables	0.01T
21	氟氯菊酯	Bifenthrin	生姜	Ginger	0.05
22	烯禾啶	Sethoxydim	生姜	Ginger	10.0T
23	氯氰菊酯	Cypermethrin	生姜	Ginger	5.0T
24	氟氯氰菊酯	Cyfluthrin	蔬菜类	Vegetables	2.0T
25	氯氟氰菊酯	Cyhalothrin	生姜	Ginger	0.5T
26	乙酰甲胺磷	Acephate	生姜	Ginger	0.1T
27	艾氏剂 & 狄氏剂	Aldrin & Dieldrin	根菜类	Root and tuber vegetables	0.1T
28	甲草胺	Alachlor	生姜	Ginger	0.05T
29	磷化铝	Aluminium phosphide (Hydrogen phosphide)	脱水蔬菜类	Dried vegetables	0.01
30	磷化铝	Aluminium phosphide (Hydrogen phosphide)	根菜类	Root and tuber vegetables	0.05
31	乙硫苯威	Ethiofencarb	生姜	Ginger	5.0T
32	乙丁烯氟灵	Ethalfluralin	生姜	Ginger	0.05
33	醚菊酯	Etofenprox	生姜	Ginger	0.05T
34	灭线磷	Ethoprophos (Ethoprop)	生姜	Ginger	0.02T
35	硫丹	Endosulfan: Sum of α, β-endosulfan and endosulfan sulfate	根菜类	Root and tuber vegetables	0.1T
36	噁霜灵	Oxadixyl	生姜	Ginger	0.1T
37	杀线威	Oxamyl	生姜	Ginger	1.0T
38	乙氧氟草醚	Oxyfluorfen	生姜	Ginger	0.05T
39	2, 4-滴	2,4-D	生姜	Ginger	0.1T
40	吡虫啉	Imidacloprid	生姜	Ginger	0.05T
41	异菌脲	Iprodione	生姜	Ginger	0.05T

续附件 9

序号	农药中文名称	农药英文名称	韩国		
			食品中文名称	食品英文名称	最大残留限量/(mg/kg)
42	甲基硫菌灵	Thiophanate-methyl	生姜	Ginger	0.05
43	硫线磷	Cadusafos	生姜	Ginger	0.05T
44	甲萘威	Carbaryl ; NAC	生姜	Ginger	0.05T
45	多菌灵	Carbendazim	生姜	Ginger	0.05
46	三硫磷	Carbophenothion	蔬菜类	Vegetables	0.02T
47	杀螟丹	Cartap hydrochloride	生姜	Ginger	0.1T
48	乙酯杀螨醇	Chlorobenzilate	蔬菜类	Vegetables	0.02T
49	百菌清	Chlorothalonil	生姜	Ginger	0.05
50	氯丹	Chlordane	蔬菜类	Vegetables	0.02T
51	毒虫畏	Chlorfenvinphos	蔬菜类	Vegetables	0.05T
52	氯苯胺灵	Chlorpropham	生姜	Ginger	0.05T
53	毒死蜱	Chlorpyrifos	生姜	Ginger	0.05T
54	戊唑醇	Tebuconazole	生姜	Ginger	0.05T
55	特丁硫磷	Terbufos	生姜	Ginger	0.05
56	甲基立枯磷	Tolclofos-methyl	生姜	Ginger	1.0T
57	氟乐灵	Trifluralin	生姜	Ginger	0.05T
58	硫双威	Thiodicarb	生姜	Ginger	0.2
59	禾草丹	Thiobencarb	生姜	Ginger	0.2T
60	对硫磷	Parathion	生姜	Ginger	0.3T
61	百草枯	Paraquat	蔬菜类	Vegetables	0.05T
62	甲基对硫磷	Parathion-methyl	生姜	Ginger	1.0T
63	氯菊酯	Permethrin(Permetrin)	生姜	Ginger	3.0T
64	杀螟硫磷	Fenitrothion	生姜	Ginger	0.03T
65	二甲戊灵	Pendimethalin	生姜	Ginger	0.05
66	氰戊菊酯	Fenvalerate	生姜	Ginger	0.5T
67	苯丁锡	Fenbutatin oxide	生姜	Ginger	2.0T
68	甲氰菊酯	Fenpropathrin	生姜	Ginger	0.2T

续附件 9

序号	农药中文名称	农药英文名称	韩国		
			食品中文名称	食品英文名称	最大残留限量/(mg/kg)
69	甲拌磷	Phorate	生姜	Ginger	0.05
70	腐霉利	Procymidone	根菜类	Root and tuber vegetables	0.05T
71	霜霉威	Propamocarb	生姜	Ginger	0.05
72	丙环唑	Propiconazole	生姜	Ginger	0.05T
73	除虫菊酯	Pyrethrins	生姜	Ginger	1.0T
74	抗蚜威	Pirimicarb	生姜	Ginger	2.0T
75	己唑醇	Hexaconazole	生姜	Ginger	0.05T
76	稻瘟灵	Isoprothiolane	生姜	Ginger	0.2T
77	虫螨腈	Chlorfenapyr	生姜	Ginger	0.1T
78	抑虫肼	Tebufenozide	生姜	Ginger	0.1T
79	吡螨胺	Tebufenpyrad	生姜	Ginger	0.05T
80	氟苯脲	Teflubenzuron	生姜	Ginger	0.2T
81	喹螨醚	Fenazaquin	生姜	Ginger	0.05T
82	氟虫脲	Flufenoxuron	生姜	Ginger	0.2T
83	烯酰吗啉	Dimethomorph	生姜	Ginger	0.5
84	苯硫丹	Bensultap	生姜	Ginger	0.1
85	霜脲氰	Cymoxanil	生姜	Ginger	0.1T
86	啶虫脒	Acetamiprid	生姜	Ginger	0.05T
87	嘧菌酯	Azoxystrobin	生姜	Ginger	0.1T
88	氟啶脲	Chlorfluazuron	生姜	Ginger	0.2T
89	三环唑	Tricyclazole	生姜	Ginger	0.2T
90	戊菌隆	Pencycuron	生姜	Ginger	0.05T
91	虱螨脲	Lufenuron	生姜	Ginger	0.05T
92	甲氨基阿维菌素苯甲酸盐	Emamectin benzoate	生姜	Ginger	0.05T
93	二甲吩草胺	Dimethenamid	生姜	Ginger	0.2

续附件 9

序号	农药中文名称	农药英文名称	韩国		
			食品中文名称	食品英文名称	最大残留限量/(mg/kg)
94	茚虫威	Indoxacarb	生姜	Ginger	0.05
95	噻呋酰胺	Thifluzamide	生姜	Ginger	0.05T
96	氟酰胺	Flutolanil	生姜	Ginger	0.05T
97	棉隆	Dazomet	生姜	Ginger	0.1
98	呋虫胺	Dinotefuran	生姜	Ginger	0.05T
99	啶酰菌胺	Boscalid	生姜	Ginger	0.05T
100	氰霜唑	Cyazofamid	生姜	Ginger	0.5
101	噻虫胺	Clothianidin	生姜	Ginger	0.05T
102	丁基嘧啶磷	Tebupirimfos	生姜	Ginger	0.05T
103	噻虫嗪	Thiamethoxam	生姜	Ginger	0.1T
104	噻虫啉	Thiacloprid	生姜	Ginger	0.1T
105	杀虫环	Thiocyclam	生姜	Ginger	0.1
106	稻瘟酰胺	Fenoxanil	生姜	Ginger	0.5T
107	吡唑醚菌酯	Pyraclostrobin	生姜	Ginger	0.05T
108	双苯氟脲	Novaluron	生姜	Ginger	0.1T
109	甲氧虫酰肼	Methoxyfenozide	生姜	Ginger	0.05T
110	噻唑菌胺	Ethaboxam	生姜	Ginger	1.0
111	噻唑菌胺	Ethaboxam	生姜(干燥)	Ginger(Dried)	5.0
112	二硫代氨基甲酸酯	Dithiocarbamates	生姜	Ginger	0.3
113	缬霉威	Iprovalicarb	根菜类	Root and tuber vegetables	0.03T
114	七氟菊酯	Tefluthrin	生姜	Ginger	0.05
115	啶虫丙醚	Pyridaryl(Pyridalyl)	生姜	Ginger	0.3T
116	四聚乙醛	Metaldehyde	生姜	Ginger	0.05T
117	喹菌酮	Oxolinic acid	生姜	Ginger	0.09
118	双炔酰菌胺	Mandipropamid	生姜	Ginger	0.05T

续附件 9

序号	农药中文名称	农药英文名称	韩国		
			食品中文名称	食品英文名称	最大残留限量/(mg/kg)
119	苯噻菌胺	Benthiavalicarb-isopropyl	生姜	Ginger	0.05
120	安美速	Amisulbrom	生姜	Ginger	2.0
121	氯虫苯甲酰胺	Chlorantraniliprole	生姜	Ginger	0.05T

注:表中“T”标识的标准为农药的暂定残留限量标准。

附件 10　中国香港生姜农药残留限量标准

序号	农药中文名称	农药英文名称	中国香港		
			食品中文名称	食品英文名称	最大残留限量/(mg/kg)
1	双甲脒	Amitraz	生姜	Ginger root	0.1
2	百菌清	Chlorothalonil	生姜	Ginger root	0.5
3	二硫代氨基甲酸酯类	Dithiocarbamates	生姜	Ginger root	0.2
4	百草枯	Paraquat	生姜	Ginger root	0.1
5	2,4-滴	2,4-D	根菜类和薯芋类蔬菜，除马铃薯	Root and tuber vegetables, except potato	0.1
6	阿维菌素	Abamectin	根菜类和薯芋类蔬菜，除根芹菜	Root and tuber vegetables, except celeriac	0.01
7	乙酰甲胺磷	Acephate	根菜类和薯芋类蔬菜	Root and tuber vegetables	1
8	啶虫脒	Acetamiprid	根菜类和薯芋类蔬菜	Root and tuber vegetables	0.01
9	艾氏剂及狄氏剂	Aldrin and Dieldrin	根菜类和薯芋类蔬菜	Root and tuber vegetables	0.1
10	保棉磷	Azinphos methyl	根菜类和薯芋类蔬菜，除马铃薯	Root and tuber vegetables, except potato	0.5
11	嘧菌酯	Azoxystrobin	根菜类和薯芋类蔬菜	Root and tuber vegetables	1

续附件 10

序号	农药中文名称	农药英文名称	中国香港		
			食品中文名称	食品英文名称	最大残留限量/(mg/kg)
12	联苯菊酯	Bifenthrin	根菜类和薯芋类蔬菜	Root and tuber vegetables	0.05
13	啶酰菌胺	Boscalid	根菜类和薯芋类蔬菜	Root and tuber vegetables	2
14	克菌丹	Captan	根菜类和薯芋类蔬菜	Root and tuber vegetables	0.05
15	甲萘威	Carbaryl	根菜类和薯芋类蔬菜,除胡萝卜	Root and tuber vegetables, except carrot	2
16	唑草酮	Carfentrazone ethyl	根菜类和薯芋类蔬菜	Root and tuber vegetables	0.1
17	氯虫苯甲酰胺	Chlorantraniliprole	根菜类和薯芋类蔬菜	Root and tuber vegetables	0.02
18	氯丹	Chlordane	根菜类和薯芋类蔬菜	Root and tuber vegetables	0.02
19	甲基毒死蜱	Chlorpyrifos methyl	根菜类和薯芋类蔬菜	Root and tuber vegetables	5
20	氰化物	Cyanide	根菜类和薯芋类蔬菜	Root and tuber vegetables	5
21	氟氯氰菊酯	Cyfluthrin	根菜类和薯芋类蔬菜,除萝卜	Root and tuber vegetables, except radish	0.5
22	氯氟氰菊酯	Cyhalothrin	根菜类和薯芋类蔬菜	Root and tuber vegetables	0.01
23	氯氰菊酯	Cypermethrin	根菜类和薯芋类蔬菜,除糖用甜菜	Root and tuber vegetables, except sugar beet	0.01
24	滴滴涕	DDT	根菜类和薯芋类蔬菜,除胡萝卜	Root and tuber vegetables, except carrot	0.05
25	二嗪磷	Diazinon	根菜类和薯芋类蔬菜,除根甜菜和芜菁甘蓝	Root and tuber vegetables, except beetroot and swede	0.7

续附件 10

序号	农药中文名称	农药英文名称	中国香港		
			食品中文名称	食品英文名称	最大残留限量/(mg/kg)
26	敌敌畏	Dichlorvos	根菜类和薯芋类蔬菜	Root and tuber vegetables	0.2
27	敌草快	Diquat	根菜类和薯芋类蔬菜，除马铃薯	Root and tuber vegetables, except potato	0.05
28	硫丹	Endosulfan	根菜类和薯芋类蔬菜	Root and tuber vegetables	0.05
29	杀螟硫磷	Fenitrothion	根菜类和薯芋类蔬菜	Root and tuber vegetables	5
30	倍硫磷	Fenthion	根菜类和薯芋类蔬菜	Root and tuber vegetables	0.05
31	氰戊菊酯	Fenvalerate	根菜类和薯芋类蔬菜	Root and tuber vegetables	0.05
32	氟氰戊菊酯	Flucythrinate	根菜类和薯芋类蔬菜	Root and tuber vegetables	0.05
33	咯菌腈	Fludioxonil	根菜类和薯芋类蔬菜,除胡萝卜、甘薯和山药	Root and tuber vegetables, except carrot, sweet potato and yams	0.02
34	草甘膦	Glyphosate	根菜类和薯芋类蔬菜,除糖用甜菜	Root and tuber vegetables, except sugar beet	0.2
35	七氯	Heptachlor	根菜类和薯芋类蔬菜	Root and tuber vegetables	0.02
36	六六六(HCH)	Hexachlorocyclohexane (HCH)	根菜类和薯芋类蔬菜	Root and tuber vegetables	0.05
37	磷化氢	Hydrogen phosphide	根菜类和薯芋类蔬菜	Root and tuber vegetables	0.05
38	吡虫啉	Imidacloprid	根菜类和薯芋类蔬菜	Root and tuber vegetables	0.5
39	甲基异柳磷	Isofenphos methyl	根菜类和薯芋类蔬菜,除糖用甜菜和甘薯	Root and tuber vegetables, except sugar beet and sweet potato	0.02

续附件 10

序号	农药中文名称	农药英文名称	中国香港		
			食品中文名称	食品英文名称	最大残留限量/(mg/kg)
40	马拉硫磷	Malathion	根菜类和薯芋类蔬菜	Root and tuber vegetables	8
41	甲霜灵	Metalaxyl	根菜类和薯芋类蔬菜,除芋头	Root and tuber vegetables, except taro	0.1
42	甲胺磷	Methamidophos	根菜类和薯芋类蔬菜	Root and tuber vegetables	0.05
43	溴甲烷	Methyl bromide	根菜类和薯芋类蔬菜	Root and tuber vegetables	5
44	对硫磷	Parathion	根菜类和薯芋类蔬菜,除马铃薯	Root and tuber vegetables, except potato	0.1
45	氯菊酯	Permethrin	根菜类和薯芋类蔬菜	Root and tuber vegetables	2
46	辛硫磷	Phoxim	根菜类和薯芋类蔬菜	Root and tuber vegetables	0.05
47	增效醚	Piperonyl butoxide	根菜类和薯芋类蔬菜,除胡萝卜	Root and tuber vegetables, except carrot	0.5
48	抗蚜威	Pirimicarb	根菜类和薯芋类蔬菜	Root and tuber vegetables	0.05
49	除虫菊素	Pyrethrins	根菜类和薯芋类蔬菜	Root and tuber vegetables	0.05
50	吡丙醚	Pyriproxyfen	根菜类和薯芋类蔬菜	Root and tuber vegetables	0.15
51	多杀霉素	Spinosad	根菜类和薯芋类蔬菜,除马铃薯	Root and tuber vegetables, except potato	0.1
52	噻虫嗪	Thiamethoxam	根菜类和薯芋类蔬菜	Root and tuber vegetables	0.3
53	敌百虫	Trichlorfon	根菜类和薯芋类蔬菜	Root and tuber vegetables	0.1

附件 11　中国台湾生姜农药残留限量标准

序号	农药中文名称	农药英文名称	中国台湾		
			食品中文名称	食品英文名称	最大残留限量/(mg/kg)
1	亚托敏	Azoxystrobin	姜	Ginger	0.1
2	达灭芬	Dimethomorph	姜	Ginger	0.05
3	氟芬隆	Flufenoxuron	姜	Ginger	0.05
4	氟比来	Fluopicolide	姜	Ginger	0.02
5	普拔克	Propamocarb hydrochloride	姜	Ginger	0.3
6	百克敏	Pyraclostrobin	姜	Ginger	0.4
7	依芬宁	Etofenprox	姜	Ginger	0.1
8	诺伐隆	Novaluron	姜	Ginger	0.01
9	克凡派	Chlorfenapyr	姜	Ginger	0.05
10	阿巴汀	Abamectin	根茎菜类	Root, bulb and tuber vegetables	0.01
11	殴杀松	Acephate	根茎菜类	Root, bulb and tuber vegetables	1.0
12	毕芬宁	Bifenthrin	根茎菜类	Root, bulb and tuber vegetables	0.05
13	布嘉信	Butocarboxim	根茎菜类	Root, bulb and tuber vegetables	0.1
14	加保利	Carbaryl	根茎菜类	Root, bulb and tuber vegetables	0.1
15	贝芬替	Carbendazim	根茎菜类	Root, bulb and tuber vegetables	0.2
16	培丹	Cartap	根茎菜类	Root, bulb and tuber vegetables	0.1
17	克安勃	Chlorantraniliprole	其他根茎菜类(胡萝卜除外)	Other root, bulb and tuber vegetables(except carrot)	0.02
18	四氯异苯腈	Chlorothalonil	其他根茎菜类(人参除外)	Other root, bulb and tuber vegetables (except ginseng (fresh))	0.5

续附件 11

序号	农药中文名称	农药英文名称	中国台湾		
			食品中文名称	食品英文名称	最大残留限量/(mg/kg)
19	大克草	Chlorthal	根茎菜类	Root, bulb and tuber vegetables	0.1
20	赛扶宁	Cyfluthrin	根茎菜类	Root, bulb and tuber vegetables	0.5
21	赛洛宁	Cyhalothrin	其他根茎菜类(山药、牛蒡、甘薯、芋头、豆薯、洋葱、胡萝卜、百合鳞茎、红葱头、马铃薯、黑皮波罗门参、蒜头、树薯、荞头及芦笋除外)	Other root, bulb and tuber vegetables (except yam, burdock, sweet potato, taro, yam bean, onion, carrot, lilii bulbus, shallot bulb, potato, black salsify, garlic, cassava, scallion bulb and asparagus)	0.01
22	赛灭宁	Cypermethrin	其他根茎菜类(豆薯、狗尾草根、洋葱、甜菜根、阔叶大豆根、芦笋除外)	Other root, bulb and tuber vegetables (except yam bean, hairy uraria, onion, beetroot, woolly glycine, asparagus)	0.01
23	第灭宁	Deltamethrin	其他根茎菜类(牛蒡、竹笋、洋葱、胡萝卜、黑皮波罗参、萝卜除外)	Other root, bulb and tuber vegetables (except burdock, bamboo shoot, onion, carrot, black salsify, radish)	0.01
24	灭赐松	Demeton-s-methyl	根茎菜类	Root, bulb and tuber vegetables	0.1
25	大利松	Diazinon	其他根茎菜类(胡萝卜除外)	Other root, bulb and tuber vegetables(except carrot)	0.1
26	二福隆	Diflubenzuron	根茎菜类	Root, bulb and tuber vegetables	1.0

续附件 11

序号	农药中文名称	农药英文名称	中国台湾		
			食品中文名称	食品英文名称	最大残留限量/(mg/kg)
27	二硫代胺基甲酸盐类[包括 ziram(益穗单剂成分之一)、锌锰乃浦、锰乃浦、甲基锌乃浦、铁锌锰乃浦及 cufraneb(铜合浦单剂)残留之 ethylenebis(dithiocarbamate)s、益地安、得恩地及富尔邦]	Dithiocarbamates(ziram、metiram、sankel-mancozeb、maneb、propineb、cufraneb、ET、thiram、Ferbam)。	根茎菜类	Root, bulb and tuber vegetables	0.5
28	依得利	Etridiazole	根茎菜类	Root, bulb and tuber vegetables	3.0
29	芬灭松	Fenamiphos	根茎菜类	Root, bulb and tuber vegetables	0.1
30	扑灭松	Fenitrothion	根茎菜类	Root, bulb and tuber vegetables	0.05
31	芬普宁	Fenpropathrin	根茎菜类	Root, bulb and tuber vegetables	0.1
32	芬化利	Fenvalerate	根茎菜类	Root, bulb and tuber vegetables	0.1
33	伏寄普	Fluazifop-butyl	根茎菜类	Root, bulb and tuber vegetables	0.2
34	护赛宁	Flucythrinate	根茎菜类	Root, bulb and tuber vegetables	0.5
35	福多宁	Flutolanil	其他根茎菜类(芋头、胡萝卜除外)	Other root, bulb and tuber vegetables (except taros, carrot)	1.0

续附件 11

序号	农药中文名称	农药英文名称	中国台湾		
			食品中文名称	食品英文名称	最大残留限量/(mg/kg)
36	福化利	Fluvalinate	根茎菜类	Root, bulb and tuber vegetables	0.5
37	菲克利	Hexaconazole	根茎菜类	Root, bulb and tuber vegetables	0.2
38	益达胺	Imidacloprid	其他根茎菜类(茭白笋、莲藕除外)	Other root, bulb and tuber vegetables (except co-ba, lotus root)	0.5
39	依普同	Iprodione	根茎菜类	Root, bulb and tuber vegetables	0.5
40	加福松	Isoxathion	根茎菜类	Root, bulb and tuber vegetables	0.05
41	理有龙	Linuron	根茎菜类	Root, bulb and tuber vegetables	0.5
42	抑芽素	Maleic Hydrazide	根茎菜类	Root, bulb and tuber vegetables	15.0
43	灭普宁	Mepronil	其他根茎菜类(胡萝卜及芋头除外)	Other root, bulb and tuber vegetables (except taros, carrots)	0.5
44	灭达乐	Metalaxyl	其他根茎菜类(洋葱、胡萝卜、马铃薯、甜菜根及萝卜除外)	Other root, bulb and tuber vegetables (except onion, carrot, potato, beetroot, radish)	0.1
45	达马松	Methamidophos	根茎菜类	Root, bulb and tuber vegetables	0.1
46	纳乃得	Methomyl	根茎菜类	Root, bulb and tuber vegetables	1.0
47	迈克尼	Myclobutanil	根茎菜类	Root, bulb and tuber vegetables	0.2
48	乃力松	Naled	根茎菜类	Root, bulb and tuber vegetables	0.2
49	毆杀灭	Oxamyl	根茎菜类	Root, bulb and tuber vegetables	0.2

续附件 11

序号	农药中文名称	农药英文名称	中国台湾		
			食品中文名称	食品英文名称	最大残留限量/(mg/kg)
50	灭多松	Oxydemeton methyl	根茎菜类	Root, bulb and tuber vegetables	0.02
51	巴拉刈	Paraquat	其他根茎菜类(芦笋除外)	Other root, bulb and tuber vegetables (except asparagus)	0.05
52	施得圃	Pendimethalin	根茎菜类	Root, bulb and tuber vegetables	0.1
53	百灭宁	Permethrin	其他根茎菜类(芦笋除外)	Other root, bulb and tuber vegetables (except asparagus)	0.5
54	福瑞松	Phorate	根茎菜类	Root, bulb and tuber vegetables	0.05
55	裕必松	Phosalone	根茎菜类	Root, bulb and tuber vegetables	0.5
56	益灭松	Phosmet	根茎菜类	Root, bulb and tuber vegetables	0.1
57	磷化氢	Phosphine	根茎菜类	Root, bulb and tuber vegetables	0.1
58	协力精	Piperonyl butoxide	根茎菜类(胡萝卜除外)	Root, bulb and tuber vegetables(except carrot)	0.5
59	比加普	Pirimicarb	根茎菜类	Root, bulb and tuber vegetables	0.5
60	亚特松	Pirimiphos-methyl	根茎菜类	Root, bulb and tuber vegetables	0.2
61	扑克拉	Prochloraz	根茎菜类	Root, bulb and tuber vegetables	0.5
62	扑灭宁	Procymidone	根茎菜类	Root, bulb and tuber vegetables	0.5
63	布飞松	Profenophos	根茎菜类	Root, bulb and tuber vegetables	0.05

续附件 11

序号	农药中文名称	农药英文名称	中国台湾		
			食品中文名称	食品英文名称	最大残留限量/(mg/kg)
64	除虫菊精	Pyrethrins	根茎菜类	Root, bulb and tuber vegetables	0.05
65	拜裕松	Quinalphos	根茎菜类	Root, bulb and tuber vegetables	0.03
66	鱼藤精	Rotenone	根茎菜类	Root, bulb and tuber vegetables	0.2
67	速杀氟	Sulfoxaflor	其他根茎菜类(蒜头、洋葱、胡萝卜除外)	Other root, bulb and tuber vegetables (except garlic, onion, carrot)	0.03
68	得福隆	Teflubenzuron	根茎菜类	Root, bulb and tuber vegetables	1.0
69	腐绝	Thiabendazole	其他根茎菜类(马铃薯除外)	Other root, bulb and tuber vegetables(except potato)	3.0
70	赛速安	Thiamethoxam	根茎菜类	Root, bulb and tuber vegetables	0.25
71	硫赐安	Thiocyclam	根茎菜类	Root, bulb and tuber vegetables	0.5
72	硫敌克	Thiodicarb	根茎菜类	Root, bulb and tuber vegetables	0.5
73	硫伐隆	Thiofanox	根茎菜类	Root, bulb and tuber vegetables	0.2
74	泰灭宁	Tralomethrin	根茎菜类	Root, bulb and tuber vegetables	0.5
75	免克宁	Vinclozolin	根茎菜类	Root, bulb and tuber vegetables	0.1
76	丁基加保扶	Carbosulfan	根茎菜类	Root, bulb and tuber vegetables	0.3
77	加保扶	Carbofuran	根茎菜类	Root, bulb and tuber vegetables	0.1